李愿军　湖北大悟人，1952年出生。北京大学地质地理系毕业，1993年国家地震局地质研究所获地震地质专业理学博士学位，1994年进入原武汉水利电力大学土木水利博士后流动站，现在武汉大学土木建筑工程学院从事教学和科研工作。曾经参加撰写出版专著5本，发表科研论文100余篇，获得过包括中国科学院、国家地震局、湖北省人民政府科技进步一、二等奖在内的各种奖项12项，是三峡工程大坝设计用地震基本烈度和地震动参数的主要完成人之一，提出的能动断层鉴别标志已被我国颁布的核安全法规所采用（HAF0101,1994）。

武汉大学学术丛书

能动构造及其时间标度

Capable Tectonics and Its Time Yardstick

李愿军 著

武汉大学出版社

图书在版编目(CIP)数据

能动构造及其时间标度/李愿军著. —武汉：武汉大学出版社，2005.1

(武汉大学学术丛书)

ISBN 7-307-04166-9

Ⅰ.能… Ⅱ.李… Ⅲ.①核电站—选址—研究—中国 ②反应堆厂址—地震危险区划—研究—中国 Ⅳ.TM623.1

中国版本图书馆 CIP 数据核字(2004)第 024373 号

责任编辑：瞿扬清　　责任校对：鄢春梅　　版式设计：支　笛

出版发行：武汉大学出版社　(430072　武昌　珞珈山)

(电子邮件：wdp4@whu.edu.cn　网址：www.wdp.whu.edu.cn)

印刷：武汉中远印务有限公司

开本：850×1168　1/32　印张：5.625　字数：140 千字　插页：3

版次：2005 年 1 月第 1 版　　2005 年 1 月第 1 次印刷

ISBN 7-307-04166-9/TM·10　　定价：15.00 元

内容提要

在对能动断层研究的基础上，提出了能动构造学的新概念。建立了能动构造识别的地层学原则，地震学原则，断代学原则和几何学原则。详细论证了“晚更新世 Q_3（距今约 10 万年）以来”所包含的构造意义，最后对具体核工程厂址区断层的能动性评价提出了自己的观点。

能动构造的时间标度具有特殊性意义。世界海平面和海滨线近 10 万年来的变化，包含着全球性海底扩张、板块运动的构造意义。我国晚更新世以来青藏高原的快速隆起，推动喜马拉雅运动进入了一个全新的构造期。东部拗陷加剧，火山活动趋于平静，马兰黄土大面积快速堆积，边界性构造差异运动速率加快，大规模的海侵和渤海湾的形成，长江、黄河的相继贯通，表明我国现代构造地貌进入成熟期。此次构造运动持续至今并将继续影响到未来，因此，运用大约 10 万年以来的地质记录描述实际的构造过程，是评价断层能动性的最好基础。

ABSTRACT

Based on capable fault studies this article presents a new concept, capable tectonics and sets up determining the principles of capable tectonics through strata overlying the fault, seismicity, dating and the structural relationship. In greater detail to demonstrate "since late pleistocene Q_3 (about 100 000 years)" contains some tectonic senses. At last, the auther argued the capability of the faults located at the specific nuclear engineering sites.

The time yardstick of capable tectonics has a special significances. Since about 100 000 years, the changes of sea - level and marine sorelines in the world may have been affected by sea - floor spreading and plate movement. At the same time Qingzang plateau of Chain has entered a new period as rapid elevation. Down - warping of the East of China has accelerated development, volcanic activity is gradually tending to dormant, the Malan loess had deposited on the extensive areas. In the borders of different tectonic masses of the loess plateau, their differential movement rates have constantly enlarged. More over, this tectonic movement has brought out yet some coupling responds, such as the extensive sea - wate encroachment, Bohai Bay has been started development, Yangzi River and Yellow River were through from west to east in succession, which reveal that the current tectonic landforms of China entered a mature stage. This tectonic movement has gone on today, and in future will be influenced by. Therefore, used the geologic reconds of the past 100 000 years to describe the actual tectonic process, their are the best base for assessing fault capability.

目　录

CONTENTS

第一章　绪　　论

第一节　核电与安全

社会的发展依赖于能源的开发和利用，能源是社会发展的基础，是社会文明与进步的动力。但是，当人类阔步迈向21世纪的时候，能源与环境问题却成为社会发展的主要制约因素之一。我国的经济建设已经走上了持续稳定发展的快车道，要保证经济发展的区域均衡与协调，能源的发展起着决定性的作用。

未来能源方式的选择，取决于其自身的能流密度，时间上的持续性，转换方式上的经济性以及输送中的便利性。在对比各种能源方式的优缺点后，核能被认为是可接受的最佳选择。核能，保持着世界工业界最佳的安全记录，是得到普遍承认的安全、清洁、经济的能源方式。李鹏曾指出："我们有发展核电的需要，特别是在经济发达而能源短缺的沿海地区更是如此。我国搞核电站已经晚了，必须尽快赶上去。"

核动力反应堆的发展是以安全为其生长点的。没有可靠的安全保障，核能就不会有生命力。安全保障就像一层层防护网，一道道屏障，把放射性物质牢牢地封闭在"Pandora's Box"中，通过静谧而神奇的安全壳，悄然无声地向电网输送着强大的电力，推动着社会发展。

核电站的安全保障原则是"多重屏障，纵深设防"。为防止核反应堆中的放射性物质泄漏，安全保障共设有三道屏障：第一道屏障——燃料包壳；第二道屏障——反应堆的压力壳；第三道屏障——安全壳。在紧急状态下还设有喷淋装置，在设计上具有良好的密封性能和较强的抗冲击能力。纵深防御的概念包含有三个措施，首先是提高核电站的设计和控制质量，以确保核电站的安全运行。其次，要有一套完整的保护系统，以保证在极低概率事故情况下实施安全停堆。再次，在极端事故（堆芯熔化）条件时保证安全壳的完整性，把放射性物质的外逸约束在允许的范围内。

“多重屏障，纵深设防”的思想在本质上是以设计为主的安全屏障设防，客观上是一种被动的防患思想。为此，作者曾提出过广义的“多重屏障”和大“纵深设防”观点。广义“多重屏障”主要包括：环境屏障（包括地震、地质、气象、海啸等），工程屏障（包括设计、建造和质量保证）以及人因工程屏障①。所谓大“纵深设防”，是在立足于原有安全保障思想的基础上，强调应在核反应堆运行寿期内加强“实时”（Real time）观测与监督，进行动态环境因子与运行状态的评价，也就是对时间因子的考虑。

广义的“多重屏障”把地震与地质条件作为第一道安全屏障。认为良好的地震地质环境是确保核安全的关键性外部条件。地震与地质问题的评价涉及到两个相互联系的要素：一个是设计基准地震动参数（以水平峰值加速度值为设计参照），一个是能动断层。这两个条件在核电厂厂址选择中的重要性，在由国家核安全局和国家地震局联合签发的安全导则《核电厂厂址选择中的地震问题》（HAF0101，1994年修订）中规定：“在核电厂厂址选择时，通过设计采取减轻地震的潜在振动影响的工程措施，通

① 人因工程（Human factors engineering）。美国三浬岛核事故之后，加强了对核电运营人员素质的训练，并增加了人因工程审查要求。

常是可行的。但往往不能证明工程措施适用于减轻诸如地表断裂①、地面沉降、地面塌陷或断层蠕变等永久性地面变形现象所产生的影响。由于这个理由，当在厂址上存在潜在永久性地面变形时，另选其他厂址可能是慎重的。”地表断裂在安全导则中被规定为断层的能动性。这就证明，能动断层在核电厂厂址合格性评价中的极端重要性。

第二节 设计基准地震动

设计基准地震动参数的确定和使用，通常是根据设备的重要性和分级设防目标，在设计中再行分解实施，以期达到安全可靠和经济合理的目的（表1和表2）。美国核管理委员会（NRC）于1984年中期成立了一个“抗震设计安全裕度定量专题专家小组”，目的是制定抗震设计安全裕度领域的主要法规。抗震设计裕度的一般定义是用危害核电站安全的地震运动水平来表示的，特别是导致反应堆堆芯熔化的地震水平。安全裕度的测量方法是采用HCLPF负载量，这是个较保守的量，在这种地震水平下，大多数的堆部件不会发生损伤。HCLPF负载量是指系统在地震动作用下发生故障的概率不超过5%的置信度，其参量可以从整套的脆裂曲线中得到。对核电厂整个风险事故的评估，美国曾提出过多种报告，如1957年AEC发表的WASH－740报告，1962年提交的TID－14844文件，1975年NRC的WASH－1400报告(Norman Rasmussen 报告)，1985年NUREG－0956报告以及1989年的NUREG－1150报告等。特别是Rasmussen报告，找到了几千种潜在的事故源，对其中的几百种事故，采用故障树和事件树相结合的方法，计算其风险概率并进行整体安全评价，这

① 地表断裂的英译原文为Surface faulting，与Surface fault在含义上是有区别的。

表1 各国按设备重要性的分级

Tab.1 Gradings of Nuclear Facilities According to Its Importance

国别	重要性分类		与设计地震的组合		备注
	分类	定义	设计地震	电厂的状态	
日本	As	A类在安全上特别重要的设备	S_2 S_1	维持安全 可能运行	
	A	安全上重要的设备或跟高放射性物质相关联的设备	S_1	可能运行	
	B	跟放射性物质相关联的设备	$\left(\frac{1}{2}S_1\right)$	可能运行	
	C	A、B以外的设备	使用原有的标准		
美国 原联邦德国 法国	Ⅰ类	反应堆相关的设备	SSE,SEB,SMS OBE,AEB,SMHV	维持安全 可能运行	
	非安全类	上述设备以外的设备	使用原有的标准		
加拿大	A、B*	反应堆相关的设备	DBE	A类:维持结构的完整性 B类:维持构筑物的完整性	一部分用DBE/SDE两者进行研究
		一部分与反应堆相关的设备(ECCS等)	SDE		
	其他	一般设备	使用原有的标准		
前苏联	Ⅰ类	主要与反应堆相关的设备	MDE DE	维持安全 可能运行	
	Ⅱ类	其他与反应堆相关的设备	DE	可能运行	
	Ⅲ类	一般设备	使用原有的标准		

续表

国别	重要性分类		与设计地震的组合		备　注
	分类	定　义	设计地震	电厂的状态	
IAEA 中国	Ⅰ类	主要与反应堆相关的设备	SL－2 SL－1	维持安全 可能运行	
	Ⅱ类	其他与反应堆相关的设备	SL－1	可能运行	
	其他	一般设备	使用原有的标准		

*：A、B皆属于与反应堆相关的设备，A类定义为必须确保压力边界或结构的完整性，而B类除此以外，还要求维持其功能。

表2　各国设计基准地震和地震动水平

Tab.2　Design Basis Earthquakes and Earthquake Motion Levels

	设计基准地震		地震动(gal)	备　注
	种　类	重现期(年)		
日本	最强地震(S_1)	1 000～10 000	180～450	关于重现期没有特别明确规定
	极限地震(S_2)	50 000(推定值)	270～600	
美国	运行基准地震(OBE)	100	50～375	SSE的重现期：以前是10 000～100 000年，SSE的最小值为0.1g
	安全停堆地震(SSE)	1 000～2 000 (10 000是例外)	100～750	
法国	历史最大地震(SMHV)	100～1 000	～100	用MSK烈度假设SMS比SMHV高1度，SMS定义为假想地震
	安全设计地震(SMS)	100 000	～200	

续表

	设计基准地震		地震动(gal)	备注
	种类	重现期(年)		
加拿大	场地设计地震(SDE)	100	30~100	
	设计基准地震(DBE)	1 000	100~200	
原联邦德国	设计地震(AEB)	100~200	40~100	也有人认为AEB的重现期是1 000年
	安全设计地震(SEB)	10 000		
前苏联	设计地震(DE)	100		作为DE,其对象为震级M=4以上
	最大设计地震(MDE)	10 000		
英国	运行基准地震(OBE)	100	~50	DBE是SSE的1/4~1/6时,在设计中无须考虑
	安全停堆地震(SSE)	10 000	~200	
瑞典	运行基准地震(OBE)	100		DBE是SSE的1/15时,在设计中无须考虑
	安全停堆地震(SSE)	10 000		
IAEA	SL-1地震	100	—	
中国	SL-2地震	10 000	—	

注:1. 英国实质上只有SSE(重现期1 000~10 000年),尽管规定以0.05g来代替OBE,但没应用到设计中。

2. 从最近的增殖反应堆设计的事例来看,地震动水平(S_2),在意大利建议取0.3g,在英国建议取0.25~0.15g。

给核电站建设提供了风险决策的依据。但该报告的研究者由于对地震问题缺乏足够的认识，以致在结论中认为：由于地震原因引起的风险与其他因素相比是极小的，其风险性并非不可忽视。这个结论所导致的直接后果是，美国自 1975 年之后，由于设计和建造上的错误在抗震问题上出现的事故呈大幅度上升的趋势（图 1)。所幸的是近年来美国研究者已经认识到：由地震诱发的各种

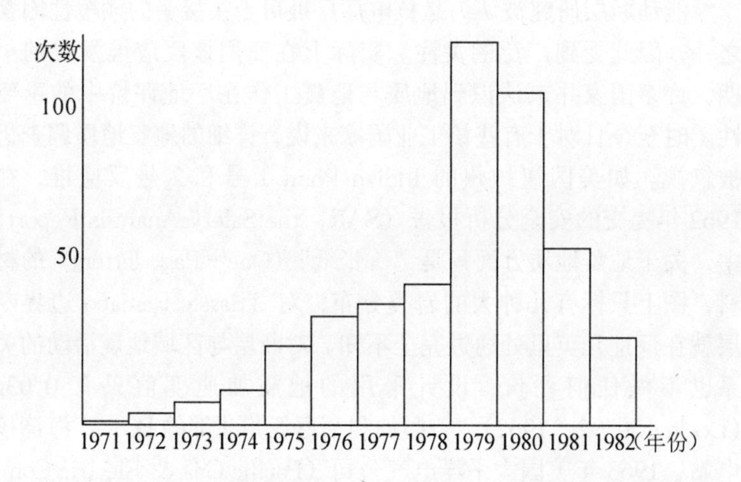

图 1 美国核电厂在抗震上出现问题的次数（仅供参考）

Fig.1 Frequency in Aseismic Problem of Nuclear Power Plants, USA

事故是相当重要的一类事故，所以在每个具体的反应堆安全全面研究中必须考虑到这些事故，如果不进行地震概率风险评价(PRAS) 就得不到有关反应堆安全的完整而又充分的评价（R. J. Budnitz，P. J. Amico，C. A. Cornell，W. J. Hall，R. P. Kennedy, J. W. Reed, M. Shinozuka，美国劳伦斯利弗莫尔国立实验所,1985 年)。反应堆安全分析中的“堆芯熔化”是最严重的事故，设计时要求出现这种事故的概率必须低于 10^{-6}堆·年。“源项”（Source Term）研究进一步用来描述在假定的低概率反应堆事故期间，由反应堆安全壳内向环境中释放的放射性裂变产物的类型、数量和释放时间的过程，通常要求按照 WASH－1400 报告进行偏于保守的估计。

第三节 能动断层问题

能动断层研究被认为是核电厂厂址可否被接受的颠覆性因素之一，因此受到广泛的关注。实际上在商用核反应堆发展的早期，许多国家并未认识到地质与地震工作在厂址评价中的重要性。时至今日对于有些核工业国家来说，详细的地震地质调查仍被忽视。如美国纽约州的 Indian Point 1 号和 2 号反应堆，在 1962 年提交的安全分析报告（SAR，the Safety Analysis Report）中，关于地震地质方面只是“一张纸”（One－Page letters）的材料，图上只标有几种大的岩类分布，对 Triassic Ramapo 边界断层就在厂址几英里处通过完全不知，对断层与区域地震活动的关系也不做任何评价，设计采用的地震加速度值只有 0.03g（Docket 50－2，1962）。美国加利福尼亚州北部的 Bodega 海湾核电站，1963 年美国太平洋电气公司（Pacific Gas & Electric Company）最初就把厂址放在圣安德列斯大断裂上，随后经地质学家们指正，方勉强地把厂址西移，但距断裂带只有 300m，当时在申请执照时 SSE①（即安全停堆地震，Safe Shutdown Earthquake）定为 0.3g。在核电站基础开挖时发现分支断层正穿过反应堆，经研究认为该断层具有发生 3ft 错动的能力，然而设计者仍坚持用提高 SSE（0.66g）的办法去抵御断层错动对反应堆带来的风险，由于未能得到美国原子能委员会（AEC，核管理委员会 NRC 的前身）的批准，厂址只好废弃，数百万美元亦付之东流（图 2）。

美国 Malibu 核电厂的情况与之相似，反应堆的位置距 Malibu 海岸断裂带只有 240m，而该断裂具有发生 7.25 级地震的可

---

① 核电站抗震设计通常分为两级设防，即运行基准地震 OBE（Operating Basis Earthquake）和安全停堆地震 SSE（详见表 2）。

图2 美国废弃的Bodega海湾反应堆厂址

Fig.2 Wasted effort! Excavation at Bodega Bay, California, for a proposed nuclear reactor began in the early 1960s. The San Andreas Fault lies under Bodega Bay in the background. and branch faults were found in the excavation. Concern over faulting events that might rupture the reactor caused cancellation of the project. Because of the infancy of the science of faulting and relation to earthquakes, scientists could not agree on the probability of a faulting event or the size of such an event under the sit (photograph by R. E. Wallace, U. S. Geological Survey).

能性，实际上在反应堆厂房正下方也因存在活动性的小断层，被核安全许可证审批委员会（ASLB）驳回了申请。San Onofre核电厂于1970年开始建造2、3号机组，因厂址以西8km处Newport Inglewood断层由陆上延伸而过，经研究认为可能会发生7.3级地震，SSE由0.5g改为0.67g进行设计。Diablo Canyon核电厂则是在建造阶段发现了Hosgri断层，该断层位于海上6km处，SSE由0.4g提高到0.75g。Humbolt海湾核电厂已经建成并投入了运行，因附近突然发现了断层，只得于1977年停止了运行。

东欧及前苏联也遇到过同样的情况。保加利亚首都索菲亚以北 75miles 处，有一座核电站叫科兹洛杜伊，是由前苏联在 20 世纪 60 年代初按切尔诺贝利反应堆的图纸设计建造的。该核电厂在设计时根本不考虑抗震问题，但厂址却正位于一条地震带上。1977 年这一带发生了 5～6 级地震，断裂把核电站经过的管道错开，导致放射性气体溢出。有消息透露，该核电站于 1992 年 4 月 3 日再次发生了放射性物质泄漏事故。前苏联的伏尔加河沿岸的阿斯特拉罕城附近，曾进行过 15 次地下核爆炸，形成了一个爆破型大空洞，后因断层的错动使放射性气体溢出到地表。切尔诺贝利核电站发生的严重核事故原因，国际原子能机构曾组织核专家进行过详细调查，调查认为主要起因是人员操作失误。但原联邦德国一位专家不同意这种结论，他以事故前、后拍摄的一系列卫星影片解译为据，提出原反应堆正穿过一条隐伏的断裂带，照片上显示的暗线在事故后消失，这正是断裂运动的结果，核事故的原因是隐伏断裂运动所致。

我国的民用核工业起步较晚，然而发展较快。在我国已经开展过的 20 多个核电站厂址选择工作中，能动断层是引起争议最多的问题。由于能动断层研究领域涵盖了地球科学中的许多前沿课题，有极具重要的理论意义和工程价值，故作者仍希望能不遗余力地去深化该项研究。关于能动断层的定义、鉴别标准，在作者的博士论文中已经研究过，其中鉴别标准概括为四条即：凡具有以下一个或几个特征的断层，必须认为是能动的

（1）断层上覆晚更新世（距今约 10 万年）以来的地层有被错断的证据；

（2）有充分证据证明地震活动（包括古地震、历史地震和仪器地震）与断层有直接关系；

（3）测年证据表明，在过去约 10 万年以内地表或近地表处发生过构造运动；

（4）与已知能动断层有构造联系（如分支断层），以致一条断层的运动可以引起另一条断层的运动。

以上四条原则简称为生物地层学标准、地震学标准、新年代学标准和断层几何学标准。特别是生物地层学标准的提出，以“晚更新世（距今约10万年）”以来我国构造运动特点作为依据的思想和观点，已被国家权威部门所认同，并在1994年修订版HAF0101《核电厂厂址选择中的地震问题》以及作者参加编写的《核电厂工程建设项目可行性研究地震工作内容与深度规定(试行)》（电力工业部、国家地震局、中国核工业总司，电计［1995］641号）文件中得到采用和体现。对于能动构造的研究，其中的一个核心是时间尺度问题。因此，对断层能动性的时间标度研究成为解开该症结的一把钥匙。

第二章 能动构造概述

第一节 引 言

能动断层作为衡量核电厂厂址安全可靠性的一条标志，源于对“活动断层”（Active fault）的认识。1971 年美国原子能委员会颁布了 10CFR100 附录 A［FR DOC 71－17134，Filed 11－24－71］《核电站选址的地震和地质准则》，作为征求意见并作为临时性指导。附录 A 中规定“活动断层”：（1）在过去 35 000 年中至少发生过一次，或在过去 500 000 年中发生过多次地表或近地表的运动。在缺乏允许绝对测年资料的地区，对具有充分现代运动保存下来易被识别的证据，地表破裂，地表翘曲，地貌特征错动的断层被认为是活动断层；（2）位于美国大陆落基山前以西，或阿拉斯加，夏威夷，波多黎各地区的断层，经仪器良好测定存在大震的活动（macro－seismicity）；（3）与特征（1）或（2）确定的活动断层有关，以致一条断层的运动能够合理地判断出伴随有其他断层的运动。为避免仍然可能产生的误会，规定中附加了一段较长的文字说明：本准则中“活动断层”的运用和定义不同于通常地质学家们的定义。这里活动断层是指在评价断层导致振动地面运动或地表断裂错动（Surface faulting）时，能用以阐明地质历史的断层。在确定振动地面运动的设计基准时，即使断层不属于本准则规定的活动断层，也应用以说明断层的历史地震活动性。

如此复杂的定义，既难理解也不便于应用。当时参与制定该规定的美国原子能委员会地震事务顾问 H. W. Coulter，H. H. Waldron，J. F. Devine（1973 年）解释说：推荐厂址的地震地质条件评价应侧重于两个方面：一是源于地震产生的振动地面运动，一是地表断裂错动的潜在性。根据这一思想，在 1973 年修正附录 A（10CFR100）时正式把"活动断层"改为能动断层（Capable fault）。随后被国际原子能机构（IAEA）在核安全法规 50－C－S 和安全导则 50－SG－S1 中修订采用。我国在 HAF 系列安全法规中参照执行了该定义（HAF0101［1989］及 HAF101［Rev. 1，1994］），以保证在核安全的法规保障及监督执行方面与国际惯例接轨。

第二节　能动断层

能动断层简单明了的定义是 1979 年 IAEA 在 No. 50－SG－S1 中制定的，规定中指出：能动断层是指具有在地表或近地表能够发生相对错动显著（significant）潜在性的断层。我们在本章第一节中提到的能动断层（或"活动断层"）规定的几条，实际上是它的识别标准而不能认为是定义。关于能动断层的识别标准归纳于表 3。

对能动断层的认识最容易产生分歧的是能动断层与活动断层的关系。最为简单的理解就是能动断层等于活动断层。这种理解虽不完全准确，但确有其合理的内涵。作者（1993 年）曾在博士论文中说明，二者之间既有联系又有区别，并非完全等同。二者的联系是能动断层源于活动断层，可以理解为一种特殊的"活动断层"，重点在于强调"在地表或近地表"产生错动的能力。而区别主要在活动断层的概念过于模糊，甚至不同人可以给出不同的理解，因为断层的活动标志并不能被准确地把握和界定。理解了二者间的不同和联系也就理解了能动断层的含义。

表3 断层能动性标准与设计基准地震要求

Tab. 3 Fault Capability Criteria and Design Basis Earthquake Motion Required

国别或机构	能动断层	设计基准地震
中国	能动(1994年) 1. 约10万年发生过地表或近地表错动; 2. 与能动断层有构造联系; 3. 考虑最大潜在地震的震级和深度。	SL-1级最大安全设计地震(区域设计地震RDE),预期厂址区域(R≥150km)发生的最强地震。 SL-2级极限安全设计地震(厂址设计地震SDE),类似于安全停堆地震。
International Atomic Energy Agency	能动(1991年) 1. 断裂在过去发生过一次或多次运动,“过去”的时间尺度可根据高活动区和低活动区而有所不同; 2. 与能动断层有构造联系; 3. 考虑最大潜在地震的震级和深度。	SL-1级最大安全设计地震(区域设计地震RDE),预期厂址区域(R≥150km)发生的最强地震。 SL-2级极限安全设计地震(厂址设计地震SDE),类似于安全停堆地震。
U.S.A	能动(1995年) 1. 3.5万年内发生过运动;50万年内发生过多次运动; 2. 蠕动断层; 3. 与已知能动断层有构造联系。	SSE,安全停堆地震,由200英里半径范围内地质和历史地震活动确定的最大潜在地震;OBE,运行基准地震,由以下条件确定: 1. 预期核电厂运行寿期40年内可能发生的最大地震; 2. $\geq\frac{1}{2}$SSE; 3. 预期发生地震时仍能稳定运行。

续表

国别或机构	能动断层	设计基准地震
日本	活动*(1981年) 1.第四纪以来(约180万年)发生过运动; 2.蠕滑断层; 3.预期在不久的将来还将发生运动。	MDE,最强设计地震 1.考虑靠近活动断层附近和大地震(M≥6.5); 2.预期发生地震产生的最不利地面运动对基岩面的影响; SMCE,安全裕度检查地震 1.MDE的1.33~1.5倍; 2.同MDE第2条。
前苏联	构造性活动(1989年) 1.第四纪以来(约100万年)在地表发生过位移; 2.位移可以是也可以不是由地震产生; 3.断层的蠕动现象。 地震性活动(1989年) 仅根据地震活动确定。	DE,设计地震 考虑M≥4级地震。 MDE,最大设计地震 M≥4级地震中的最大者。
法国	地震(1981年) 一次或多次地震源的断层	SMHV,历史最大地震,或称MPE,最大可能地震。 由过去的历史地震和地质特征确定。 SMS,安全设计地震,或称MEE,最大期望地震。 比SMHV高1度。
英国	活动(1979年) 1.断层错到地表,晚第四纪沉积物或其他构造; 2.断层有一定规模并经良好定位的大地震; 3.与区域台网精确定位的震中和经较好约束(Well-Constrained)的震源机制参数有关。	OBE,运行基准地震 1.SSE的1/4~1/6; 2.0.05g。 SSE,安全停堆地震 因地震活动水平低,抗震上没有形成设计上的解决办法。

续表

国别或机构	能动断层	设计基准地震
加拿大	没有说明。	SDE,场地设计地震 与美国 OBE 大致相同,预期 100 年发生的地震(最小 0.03g)。 DBE,设计基准地震 电厂使用寿期内厂址产生的最大地面运动。
原联邦德国	没有说明,但包括因地表断裂作用潜在影响问题。	SE,安全地震 根据过去的认识预期在 200km 范围内发生的最大地震。 DE,设计地震 厂址 50km 范围内、相同地震构造区发生的最大地震(最小 0.05g)。
意大利	没有说明,但包括地表断裂作用的潜在性。	REA,参考地震 A 厂址和邻区地震构造区中的地震构造条件而产生的最大可能地震。 REB,参考地震 B 电厂使用寿期内可能发生的地震——包括厂址在内的地震构造区产生的最大地震。
瑞典	没有说明。	OBE,运行基准地震 OBE 是 SSE 的 1/15,在设计中不考虑。 SSE,安全停堆地震

续表

国别或机构	能动断层	设计基准地震
瑞士	没有说明。	OBE,运行基准地震 电厂使用寿期内的低概率地震事件（通常取 0.35 ~ 0.5SSE)。 SSE,安全停堆地震 10^{-4}年概率的地震事件。

* 日本地震学家认为,他们定义的"活动断层"相当于能动断层。因为日本核电站抗震设计的起点是以直下型地震为基准的,即假定 M_s6.5 级地震发生在反应堆基础以下 15km 范围以内。

第三节　能动构造源

能动构造源（Capable Tectonic Source）是美国核管理委员会拟采用的一个新概念，用以取代能动断层。能动构造源规定如下：

(1) 存在地表或近地表的地形变位，或在过去 50 万年内地质沉积物中存在重复性运动，或在过去 5 万年内至少发生过一次运动的证据；

(2) 合理地判断与一次或多次大地震，或持续性地震活动有关，通常伴随有显著的地面形变；

(3) 具有如 1）所描述特点的能动构造源有构造联系，以致能够合理地预期某能动构造源的运动将伴随另一能动构造源的运动。

第四节　能动构造学

从"活动断层"到能动断层，再到能动构造源，历经了认识上的三部曲。从中我们看到了这样一条发展中的逻辑性主线，即在如何考虑商用核反应堆安全的问题上，设计工程师们和核安全审查部门改变了选址的概念，由以经济利益为主，转到以安全与经济利益兼顾；由以前的以非地质学参数为主，转到以涉及全部外部环境参数上来；由概念化的管理规定，转到明确的厂址要求。这是一次飞跃。在对厂址合格性评价中，突出要求地震地质工作的中心任务是 SSE 的评价和地表断裂错动的调查，这是核安全规定中的一个特色。对于后者进一步强调了它在厂址评审可接受性方面的极端重要性。1971 年附录 A 中虽然强调了"活动断层"不同于一般性概念，但这种不同如何体现在实际的厂址调查工作中尚不清楚。

作者认为，活动断层和能动断层均源于对新构造运动的研究发展。活动断层因广泛的争议性，20 世纪 80 年代中期以来已向活动构造学（Active Tectonics）发展。活动构造学的定义是：与社会有关的未来时间段内预期发生的构造运动（C. R. Allen, 1986 年）。活动构造学强调，活动构造过程对社会经济和工程设施产生的影响，重点是对 50 万年以来时间域内的构造事件分析、辨别以及评价的方法学研究，特别是实时地质学（Real time geology）概念的提出，发展了地质灾害的短期动态预报能力，时间系统涉及从几秒钟到几个星期的地质变化。虽然活动构造学不同于新构造学，但新构造学的研究是重要的基础资料来源。能动断层、能动构造源正在向能动构造学方向发展，把凡是能够体现导致地表或近地表破裂的构造现象均纳入研究的范畴，更具体、更明确地讨论构造灾害问题，是能动构造学发展的重要方向。能动构造学，我们可以给出如下定义：在预期与重大或特殊社会经济运动有关的时间内，对导致地表或近地表错动的原因、发生与发展过程进行的研究。新构造学、活动构造学及能动构造学三者之间的关系可表述如逻辑框图 3 所示：

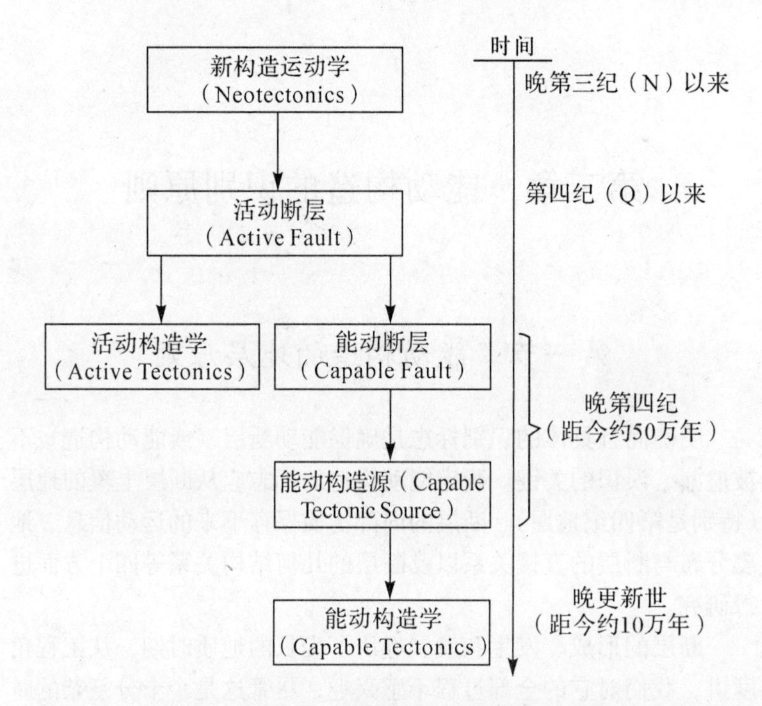

图 3　构造术语之间的逻辑关系及时间尺度

Fig. 3　Flow Chart for Structural Terms and Times Spanning

第五节　小　　结

我们由“活动断层”讨论起，叙述了能动断层、能动构造源的概念，发展关系以及它们在核动力堆厂址评价中的重要性，提出了能动构造学的新定义。在能动构造学研究中不再仅仅依据先存断裂的调查和评价，对于潜在的、隐伏的构造（断层、褶皱和区域性的节理群）以及“盲断层”(Blind Fault)均应给予足够的重视，使核动力堆厂址区($R\geqslant5$km)成为真正的构造清楚区。

第三章　能动构造的识别原则

第一节　能动构造的地层原则

明确而且具体的识别标志是确保能动断层（或能动构造）不被遗漏、误识的关键。确定能动构造的标志应从断层上覆的地层(特别是第四纪地层)、断层的内部物质保存下来的运动信息、地震分布与断层的直接关系以及断层的几何结构关系等四个方面进行研究。

断层的形成、发生和发展经历了漫长的地质时期，从工程角度讲，我们对它的全部过程不感兴趣，尽管这是个十分复杂的时间历程且对我们认识构造的演化是必不可少的。判断构造能动性依据的原则是从工程使用期内的安全为出发点的，通常而言未来工程使用时间段内构造特性的预计，是现今构造活动状态的延续，而现今构造状态必然是最近某一时间段延续的结果，也就是说，构造运动周期性的阶段确定和划分是构造状态的判断基础。同一构造时间段内断层运动的遗迹首先应保留在断层上覆的新地层中，断层在地层中的上断点部位及该地层的年龄，可以指示出断层最新一次运动的确切时间。因此，根据断层上覆的地层被错动的情况确定断层的能动性，是判断中的主要原则。在过去的规范及原有规定中这一点并不明确，这导致了广泛的争议性。许多情况下只有把室内年代学测试的结果作为最后保证。

我国的新构造活动状态是由喜马拉雅运动决定的。晚更新世以来（距今约10万年）喜马拉雅运动进入剧烈抬升阶段，它向东波及并延续至今。同期在我国北方广泛沉积了巨厚的马兰黄土，南方堆积了下蜀土，具有可供识别的标志性地层的意义。第四纪以来我国共建地层组500余条，现正在进行整理以取消重名、废名及质量不足的组名，预计可能缩减到400余条，其中晚更新世（Q_3）地层组建制如下：

黑龙江、吉林及辽宁：诺敏河组，雅鲁河组，尾山组，五大连池组，扎泥河组，海拉尔组，向阳川组，别拉洪河组，哈尔滨组，顾乡屯组，排头营子组，太平庄组，榆树组，金牛山组（Q_{2-3}）；

内蒙古：西脑包组，城川组，萨拉乌苏组；

河北：欧庄组，迁安组；

河南：太康组，新蔡组；

山西：丁村组，峙峪组，下川组；

山东：惠民组，黑土湖组；

江苏、上海：戚嘴组，全塘组，嘉善组，嘉定组，川沙组，南汇组；

安徽：颍上组，茆塘组，铜山镇组，檀家村组；

浙江：莲花组，东浦组，宁波组；

江西：莲塘组，新港组；

福建：龙海组，漳州组，东园组，厦门组；

台湾：松山组，中枥组；

湖北、湖南：沙河组，宜都组，韩家湖组，白水江组；

广东、广西：陆丰组，石排组，西南组，三角组（Q_{3-4}），中山组，田洋组，南社组，贾里组，鲍浦组，望高组；

陕西、宁夏、甘肃及青海：乾县组，大荔组，水洞沟组，吉兰泰组，戈壁组，二郎尖组，察尔汗组；

新疆：仓房沟组；

四川：大菁梁子组，桐子林组（Q_{3-4}），黄鳝溪组，兰家坡组；

云南、贵州：木坚桥组，瓦扎菁组，石灰村组，东山组，官渡组，松坡组（Q_{2-3}），赤土组；

西藏：同旧藏布组。

已确定的晚更新世洞穴堆积地层有周口店新洞洞穴堆积，北京山顶洞洞穴堆积，辽宁鸽子洞洞穴堆积，贵州观音洞洞穴堆积。

晚更新世火山堆积有五大连池玄武岩，大同火山群，石茆岭火山岩，湖光岩火山岩组，雷虎岭火山岩组，阿巴嘎玄武岩。

晚更新世形成的冰期有珠穆朗玛冰碛，基龙寺冰碛，绒布寺冰碛，西大滩冰碛，本头滩冰碛，耶巴果冰碛，海龙村冰碛，古乡冰碛，白玉冰碛，扎加藏布冰碛，巴斯错冰碛，绒坝岔冰碛，竹庆冰碛，大理冰碛，海螺沟冰碛，喇嘛寺冰碛，杂谷脑冰碛，台兰冰碛，破城子冰碛，大青河冰碛，喀拉斯冰碛，天池冰碛，望峰冰碛，大板冰碛，西溪冰碛，螺髻山冰碛，玉皇山冰碛，太白冰碛，庐山冰碛，铁山冰碛，雪峰冰碛，井陉冰碛，二道岗冰碛，长白山冰碛，步云山冰碛，排头营子冰碛。在南海北部的大陆坡还见有晚更新世的冰期地层。

以珠穆朗玛为主峰的喜马拉雅山脉，地势高亢挺拔，世称地球的“第三极”。喜马拉雅山地在第三纪初期（距今 4000 万年）仍是特提斯海（Tethys）的一部分。地质史上如此波澜壮阔的构造运动，如此沧桑巨变的根本原因成为各国地球科学家瞩目的焦点。我国科学家们更是把它当作解开自然奥秘的一把钥匙。1956～1967 年和 1963～1972 年在两次国家科学发展规划中，青藏高原的科学考察均被列为重点科研项目，并组织了四次科学考察。1972 年，中国科学院专门制定了《青藏高原 1973～1980 年综合科学考察规划》，要求对高原的形成、发展原因等若干基本理论问题进行比较全面的考察。考察成果见于 20 世纪 80 年代陆续出版的《青藏高原科学考察丛书》中。自 20 世纪 80 年代起，第二轮大规模的青藏高原地质与地球物理调查开始工作，并与法国合作进行了《喜马拉雅岩石圈构造演化》、《喜马拉雅地质构造与地壳上地幔形成演化》、《喜马拉雅山深部地质与构造地质》以及中法之间关于活断层方面的研究，编纂出版了《青藏高原地质文集》和专著。这些研究成果虽然还不能认为已经完善了，但对喜马拉雅运动的研究至少从过去的那种“雾中看花”的研究状态中走了出来，得到了一批相当可贵的资料。喜马拉雅运动是黄汲清首先提出来的（1945 年）。他把该运动划分为三个主要造山幕：第一幕发生在渐新世中期（距今约 3700±200 万年），第二幕发生在中新世中期（距今约 2600±100 万年），第三幕发生在早更新世（距今约 250 万年）称“西瓦里克幕”。韩同林（1987 年）认为，第四纪开始，青藏高原的地壳运动，变形及发展以东西方向的拉张和大幅度、快速隆起为主要特征，构造变动频繁，造成早更新世（Q_1）与下伏基岩之间，早更新世（Q_1）与中更新世（Q_2）之间，中更新世（Q_2）与晚更新世（Q_3）之间以及晚更新世（Q_3）与全新世（Q_4）之间，均呈明显的不整合关系。因此，第四纪以来是青藏高原发育的一个崭新阶段（见表 4）。

表 4　青藏高原新构造运动的划分

Tab. 4　Division of Neotectonic Movements of Qinghai－Xizang Plateau

代	纪	世	地壳运动阶段	距今年龄(万年)
新生代	第四纪	全新世	喜马拉雅运动	1.0～1.2
		晚更新世		12～15
		中更新世		73
		早更新世		248
	晚第三纪			1 200～2 500
	早第三纪			6 000～8 000

杨理华、刘东生（1974 年）则认为喜马拉雅运动可分四期和四个亚期：

第一期：晚白垩世（同位素年龄 79 百万年）

第二期：早渐新世（同位素年龄 34 百万年）

第三期：中新世（同位素年龄 10～20 百万年）

第四期：第四纪（4 百万年以来）。

第一亚期：早更新世早期；

第二亚期：中更新世晚期；

第三亚期：晚更新世；

第四亚期：全新世到现代。

李吉均等人（1979 年）的研究认为，始新世末（距今6 000 万万年）青藏高原地区脱海成陆，上新世晚期（距今1 200～250 万年）地面高度也只有1 000m 左右，第四纪以来大幅度整体式断块抬升在时间上呈现三个剧烈上升阶段。从上新世晚期高原地面高度约1 000m 算起，累积上升量达到 3 500～4 000m，以第四纪（距今 180～200 万年）计算，平均每年的抬升量约为 2mm。但晚更新世以来仅 10 余万年，上升量达 1 500～2 000m，其平均每年的上升量达 10mm 以上（见表 5）。

表 5 青藏高原隆起的阶段划分（据李吉均等修改，1979 年）

Tab.5 Stage Division of Uplifting of Qinghai－Xizang Plateau

分项 地质时代	构造与地貌发育	沉积	冰期	高原地面高度	雪线下降值	抬升速率 mm/y_r
全新世	加速上升	新时期终碛	新冰期	4 700m 4 300m	300～500m	30～70
晚更新世	峡谷下切,整体隆起,断裂、水热活动,大切割时期(200 －1 000m)	高位冰碛	珠穆朗玛冰期	4 000m	900～1 200m >1 500m（藏东南）	17.14

续表

分项 地质时代	构造与地貌发育	沉积	冰期	高原地面高度	雪线下降值	抬升速率 mm/y_r
中更新世	断块上升、火山活动	冰碛广布（唐古拉＞200m）	大间冰期 聂聂雄拉冰期	3 000m	1 900m	1.75
早更新世	断裂，强烈上升	冰碛和贡巴砾岩（100～300m）	第一间冰期 希夏邦冰期	2 000m	?	0.63
上新世	构造活动微弱，夷平面发育	布龙组泥岩（400～600m）		1 000m		

由此，我们可以归纳出能动构造识别的地层原则有两点：

（1）要使确定下来的原则具有实际意义，必须结合不同构造区的不同特点。中国位于西太平洋地震带和地中海——喜马拉雅地震带的三角区，构造背景依赖于这种特殊的地球动力学过程。喜马拉雅运动，主要是晚更新世以来，青藏高原快速隆起并向东波及，导致区内断层的复活或活动的加剧。这就是所应具有的“构造”含义。

（2）断层上覆的新地层往往是一套松散的沉积物，要确定松散沉积物中断点的年龄，需要了解地层纵向和横向上的可对比性，即相对稳定的沉积相和区域上应有一定分布上的规模和厚度，作为标志性层位。晚更新世以来形成的地层（北方的马兰黄土和南方的下蜀土）具有这些条件。这就是所应具有的“地层”

含义。

第二节 能动构造的地震原则

无论地球表层的断裂历史多么悠久，发生过程多么复杂，断裂形成与发展中的一个重要过程就是地震现象。鉴别断层的最重要的标志就是现代构造运动的直接证据以及地震与断层的关系。断层的运动方式一种是粘滑（即伴随地震的运动过程），一种是蠕滑（非地震方式的运动）。美国国家标准《评价核电站厂址地表断裂能动性的标准和导则》（ANSI/ANS－2.7－1982）中明确指出：能动断层就是指具有地表破裂能力的断层，可以是，也可以不是由地震产生的。但是粘滑与蠕滑两种方式比较起来，粘滑运动是占主要的，蠕滑只是极个别的现象，蠕滑通常是大地震前后的应力调整现象。

我国的核安全导则中要求：确定与发震构造有关的最大潜在地震的震级足够大和震源位于某一深度，以致可合理地推论在地表或接近地表处能够发生运动。这里要求判断预计的“震级足够大”和“震源位于某一深度”（实际是震源小于 15km 的浅震）两点。问题在于如何理解“震级足够大”。美国 NRC 的规定是：据仪器高精度记录测定的大震（Macro—Seismicity）证明与断层有直接关系。关于 Macro—Seismicity 作者曾撰文认为是一种能够产生宏观破坏的地震（可简称为宏观地震），附录 B 中用“Large earthquakes or sustained earthquake activity”取代了“Macroseismicity”，看来仍然是“足够大”的意思。“大震”在美国 NRC 的规定中是指大于或等于李氏（Gutenberg—Richter）3 级的地震，或是大于等于修改的 Mercalli—Cancani—Sieberg（MCS）烈度表Ⅲ度的地震。IAEA 和我国沿用了这种规定：震级小于 3 级的地震称微震（Microearthquake），震级等于或大于 3

级的地震称显震① (Macroearthquake)。经作者考证，这种划分方法源于美国西部的一个地震实例。1966 年 3 月 4 日，美国加利福尼亚州的英佩里尔谷地曾发生了一次 3.6 级地震，震后调查得知，地表竟然产生了长达 10km 的破裂，第 80 号公路的白色中心分界线被右旋水平错开 1.5cm，这是美国当时已知能产生地表破裂的最低震级。因此李氏 3 级地震成了核规范制定的依据。问题在于这种规定是否具有普遍性意义呢？回答是否定的。事实上美国加州 1981 年 4 月 7 日发生在劳帕克附近硅藻土采石场的另一次地震，把震级的分界线下移到 2.5 级，这次地震产生了 575m 长的逆冲型破裂线，最大倾向滑动达 23cm，右旋滑动量为 9cm。这些震例具有明显的区域性特征，因为在世界各地均未见有类似的报道。在我国现有的地震史料中，曾经有过“地震声如雷，地坼二里许”的记载（1372 年 9 月 17 日，广州），但震级是 $4\frac{3}{4}$。故采用 4 级作为“Macroearthquakes”和“Microearthquakes”作为我国的相应规定是适宜的。

地震的重现周期和类推结果表明，断层的孕震能力是有限的。已知的最大震级经过一定的周期可能会重复历史。能够发生大震（M≥3 级）的断层将被判断为能动断层。现在剩下的问题是：已知一条断层，经现代仪器精确测定小震（M<3 级）的震中密集分布于断层线上，它是否将成为能动的？恐怕谁也不能断定。根据我们现在积累的地震与断层关系的知识，小震的密集和成丛分布必然是断层运动的结果，它显示了断层的一种活力，并且往往成为大震活跃的场所。所以无论是古地震（史前地震）、历史地震，或是仪器地震，均能代表断层目前是处于运动的状态，都可能成为能动断层，而不是一条死断层。因此，一定要求

---

① “显震”（Macroearthquake）的译法作者认为容易使人糊涂，原意是“宏观破坏性地震”。

断层上已经发生过 M≥3 级、4 级或 5 级以上的地震，才能作出判断是不完善的，有悖于已有的认识结论。

能动构造的地震原则首先应立足于详细的地震地质调查和实事求是的工作基础上，无论是古地震、历史地震，或是仪器地震资料，一旦确证与断层有关，均能代表断层的能动性①。

第三节　能动构造的断代原则

通过现场调查可以知道，断层的内部结构与物质成分总是十分复杂的，这些复杂的成分中保留有丰富的断层运动信息，采用什么方法真实地测定断层运动的历史、性质和周期，对于判断断层的能动性(或活动性)是必不可少的和至关重要的。对于工程而言,我们关心的重点是断层最新一次运动的时间和运动的特点。

对断层的运动提出明确的时间界限，首先开始于对核动力工程的选址规定。过去对其他工程的厂址评价中虽然用到活动断层的概念，但对活动断层认识各不相同，难以统一。1915 年 Wood 认为"所有在历史时期内曾经发生过运动的一切断层和一切具有最新地表错位的自然地理学证据的断层，都是活断层"。美国地质研究所在 1976 年修订出版的《地质术语词典》中定义活动断层是指：沿断层有重复运动，并常常由小的、周期性的错动或地震活动性来表征。到 1983 年我国出版的《地质辞典》(一) 中把活动断层定义为：断裂两盘还在相对移动位置的断层。这种变动常是缓慢地进行，突然发生快速移动时则可产生地震。由此可见，活动断层没有统一的时间概念。美国最初在 10CFR100 附录 A 中规定的是双重时间约束标准。其中 35 000 年代表了 ^{14}C 方法精度的上限，500 000 年代表了 K－Ar 法年龄的下限（G. A. Robbins 等，1978 年）。在放射性年代测定技术中，^{14}C 和 K－Ar

① 弥散型地震（Diffuse seismicity）需另作研究。

法是测定上覆或横跨断层带上的地层年龄最常用的方法。K－Ar法测地层年龄用得最多，还可用来测定断层带本身内部的矿物。

放射性碳年代测定法是以放射性同位素^{14}C的衰变为基础的。^{14}C和^{12}C均产生于地球的大气层中，并存在于二氧化碳气体的组合中。二氧化碳气体对一切生命来说都是必需的，进入到生物体中的^{12}C当生物死亡后不再发生变化，^{14}C则继续进行其缓慢的衰变过程。^{14}C的半衰期为5 730年，国际上目前采用的半衰期是Libby（1963年）确定5 568±40年，以1950年为基准年份或零年。^{14}C方法测年的精度，如果样品不超过25 000年，则误差可降至3%，对50 000年的样品测年误差可达到15%。虽然随着^{14}C计数器的改进，^{14}C方法可能测出50 000～75 000年的年龄（Stuiver，1977年）。但断层带内物质是不可能有含碳物质的，即使是土层中含有碳物质但含量太低也不能得到比较可靠的结果，这是其局限性。

K－Ar法可在10 000～1 000 000 000年的时间范围内测定断层的最近一次运动的时间。此法对横穿、覆盖断层或断层内的物质均可测定其年代，但应用最广泛的是测定断层泥（见表6），各测定矿物的年代精度适应范围见图4。美国曾对44个核电站厂址的断层进行过研究，其中32个厂址采用了绝对年龄测定(见表7)，用K－Ar法测定的有20个占绝大多数。

K－Ar法由于主要应用于火成岩的年龄测定，通常缺乏分辨100 000年以内的本领，因此在测定活动构造年龄的适用性方面受到限制，这与理论上的适用测年范围有很大的区别。尽管如此，K－Ar是一种相对成熟的测年方法，在建立板块构造理论中确定古地磁时间尺度和确定板块运动相对速率两个方面，K－Ar断代法都发挥了不可取代的作用。

表 6 K-Ar 法测定年代的矿物

Tab.6 Minerals Used in K-Ar Dating

(from murphy, Briedis and Peck, 1979)

火山岩	深成岩	变质岩	沉积岩
透长石	黑云母	黑云母	海绿石
歪长石	白云母	金云母	伊利石
斜长石	角闪石	白云母	绿泥石
黑云母	白榴石	角闪石	
角闪石	锂云母		
白榴石	辉 石		
霞 石			
辉 石			

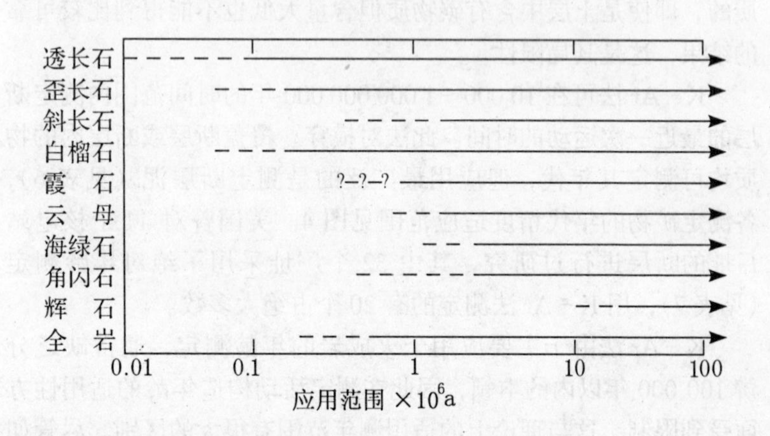

图 4 某些 K-Ar 法年代测定矿物的应用范围

(引自戴尔赖普尔和莱弗尔，1969 年)

Fig.4 Useful Range of Some K-Ar Datable Minerals (from Dalrymple and Lanphere, 1969)

表7　美国核电站厂址测定断层年龄的方法

Tab.7　Methods of Used in Faulting Dating of NPPs, USA

序　号	方　法	应用的厂址数
1	钾—氩	20
2	放射性碳	11
3	土壤的成土程度	9
4	风化速度	7
5	腐泥土发育程度	7
6	侵蚀(剥蚀)速度	6
7	流体包体分析	6
8	古地磁	6
9	铷—锶	5
10	氨基酸	4
11	铀系	2
12	沉积速度	2
13	裂变径迹	2
14	火山灰年代学	1
15	铅同位素	1

但该方法在许多情况下，不足以得出明确的结论。如美国的Hudson河核电站就是这种情况，用K－Ar法测得的断层泥样品与断层周围岩样的年代相同，这显然是不真实的。K－Ar法的年龄测定结果取决于^{40}K向子系原子^{40}Ar衰变的时间历程。同时，^{40}Ar是作为气体存在于自然界的，炽热的熔融体不能长久保留气态的^{40}Ar，这就对缓慢冷却的侵入体来说，在不同的温度条件下各种矿物的冷凝或沉淀达到放射性物质稳定时，由此获得的不同含钾矿物的K－Ar年龄测定值可能不一致。对于各种变质岩来说，测定的结果还取决于热事件的强烈程度和含钾矿物对氩的敏感程度。该测年方法结果的精度还包括热事件、风化和蚀变等影响。

热释光（TL）法近年来在我国的核电站选址中应用比较多。该方法假定岩石在整个地质史中捕获的电子数不变，捕获电子的积累而使岩石内部放射性物质衰变造成电离化。该方法最大的误差来源于样品的天然放射性。由于衰变率很低而计数时间较短，故使产生的误差可达 50%。更由于某些物质的热释光机理未能得到全面的解释，故美国在 20 世纪 80 年代后期仍没有用热释光法来测定年龄。但 P. J. Murphy 等（1979 年）认为，如果断层在剪切运动中产生的热足以使过去的热释光“归零”，是可以通过测定剪切带内矿物的年代，来确定断层的运动年龄的。K. L. Pierce（1986 年）也认为，要提高测定活动构造作用的年代和确定它的速率的能力，热释光方法特别有希望。

为了得到断层运动的最近一次时间，地质学家们还发展了许多测年的方法，这些方法可以划分为数值法、相对断代法和比较法三类（见表 8），共计有 26 种（见表 9）。近年来在我国应用较多的有电子自旋共振法（ESR）、U 系法、石英电镜扫描（SEM）等。由于各种方法测得的年龄数值代表着不同的物理本质特性，相互之间适用的测年精度范围均不相同，采样的构造部位和采样人的因素更是不可同日而语，一概简单地采用“拿来主义”是不适宜的。简明的数据结果需要对过程的了解和物理本质的研究。

表 8 测定活动构造作用时代的方法分类

Tab.8 Classification of the Methods of Dating Active Tectonism

数值法			相对断代法		比较法
历史记录	碳—14	铀趋势	氨基酸外消旋作用	土壤发育	地层学
年轮学	铀系	热释光和电子自旋共振	黑曜岩水化作用	岩石和矿物的风化作用	火山灰年代学

续表

数值法			相对断代法		比较法
季候泥（纹泥）	钾—氩 裂变径迹	除碳—14 外，其他宇宙同位素（^{10}Be，^{36}Cl，^{26}Al 等）	火山灰水化作用 地衣测年法	地形逐渐变化 沉积速率 地貌状态和下切速率 形变速率	古地磁学 化石和人工制品稳定同位素 玻陨石和微玻陨石

表 9　第四纪断代法以及测定活动构造作用年代应用的总结

（据 Colman 和 Pierce，1979 年）

Tab.9　Summary of Quaternary Dating Methods and Their Applicability to Dating Active Tectonism（from Colman & Pierce，1979）

方　法	适用性	年代范围和最佳分辨力 | 10^2 | 10^3 | 10^4 | 10^5 | 10^6	方法的依据和要点
1. 历史记录	X—XXX	--------	需保存有相应记录，应用取决于记录的质量和详细程度。西半球为有限的几百年。
2. 年轮学	XX	-------	要直接计算以前的年轮或者根据年轮的生长变化推定年表。限于所需要的年龄以及对环境灵敏的树木的区域。
3. 季候泥年代学	X	--------+++	或者要直接计算以前的季候泥，或者根据连续季候泥湖相沉积物的覆盖顺序确定年龄。容易发生与分离层序相当的误差和对年层的错误辨别。
4. 碳—14	X—XXX	○•—+++——?	依靠碳的可得性。根据宇宙辐射产生的 ^{14}C 向 ^{14}N 的衰变。由于污染物容易产生误差，特别是在古老沉积物和碳酸盐物质中（像软体贝壳，泥灰岩和土壤碳酸盐）。

续表

方法	适用性	年代范围和最佳分辨力 |10^2| 10^3 | 10^4 | 10^5 | 10^6	方法的依据和要点
5. 铀系	XX	••————++++—	用于测定珊瑚、软体动物、骨状物、溶洞碳酸盐和岩石上碳酸盐覆盖层的年龄。在测定石灰华和土壤碳酸盐的年龄中可能有效。铀衰变系列同位素变化的应用包括^{230}Th/^{234}U(最常用的和左边描述的方法),^{234}U/^{238}U(过去600 000年的范围),^{231}Pa/^{235}U(10 000～120 000年),U－He(0～2百万年)和^{226}Ra/^{230}Th(＜10 000年)由于缺乏封闭的化学系统而产生误差是一个普遍的问题,特别在软体动物和骨状物中。
6. 钾—氩	X	•••——+++++	仅仅直接应用于火成岩和海绿石。需要有含钾相,如长石、云母和玻璃。根据由^{40}K向^{40}Ar的衰变。误差的产生是由于过量的氩,氩的损耗以及污染。
7. 裂变径迹	X	•••——+++	仅直接应用于火成岩(包括火山灰);要有含铀的物质(锆石,榍石,磷灰石和玻璃)。根据反冲U裂变产物引起的径迹(应变带)连续积累,以致误差是由于径迹错误辨别和径迹退火造成。
8. 铀趋势	XXXX	○○••———•••	根据铀穿过沉积物和土壤的开放系统的流动;必须依据给定年龄的沉积物以及为确定年龄绘制等时线的约5种不同样品对^{238}U,^{234}U,^{230}Th和^{232}Th进行测量。
9. 热发光(TL)和电子自旋共振(ESR)	XXXX	○○•••••——————•	根据α、β、γ辐射母原子的电子位移。适用于沉积物中的长石和石英以及土壤中的碳酸盐。TL是基于样品被加热所释放的光量与已知辐射剂量所释放的光量进行比较。TL精度在400～10 000年范围内比陶瓷表示的精度好。

续表

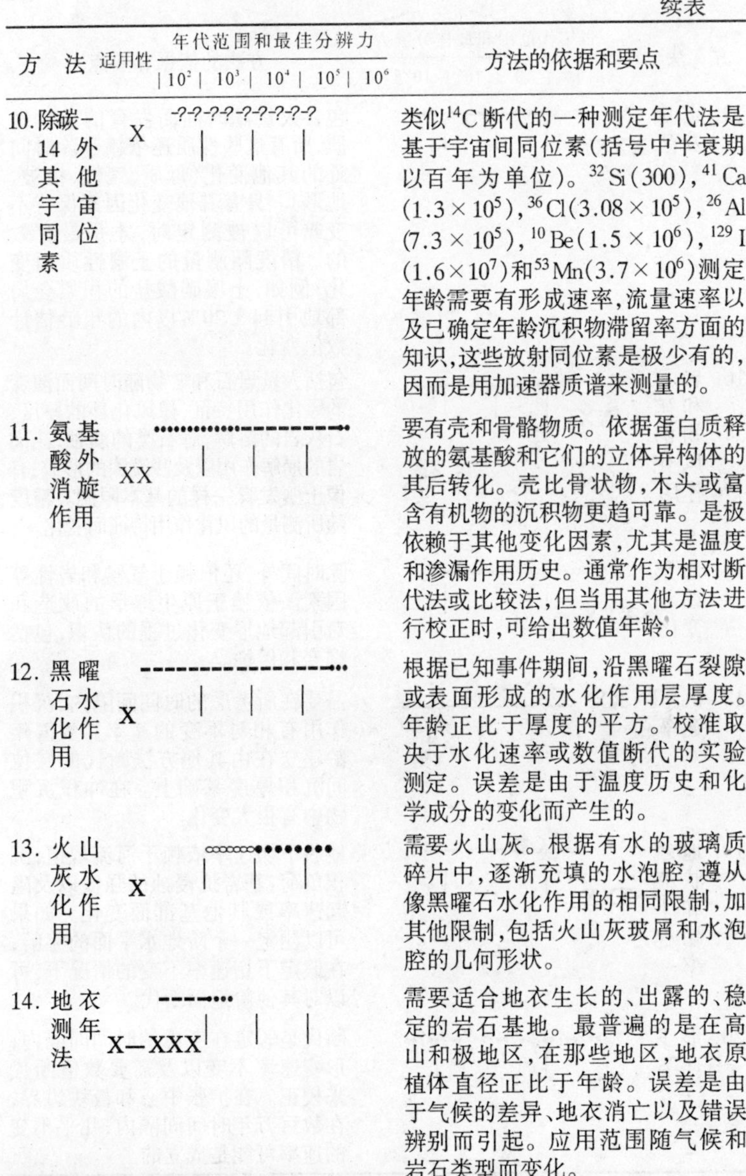

方　法	适用性	年代范围和最佳分辨力 10^2 | 10^3 | 10^4 | 10^5 | 10^6	方法的依据和要点
10. 除碳-14外其他宇宙同位素	X	?-?-?-?-?-?-?-?-?-?	类似 ^{14}C 断代的一种测定年代法是基于宇宙间同位素(括号中半衰期以百年为单位)。^{32}Si(300),^{41}Ca(1.3×10^5),^{36}Cl(3.08×10^5),^{26}Al(7.3×10^5),^{10}Be(1.5×10^6),^{129}I(1.6×10^7)和 ^{53}Mn(3.7×10^6)测定年龄需要有形成速率,流量速率以及已确定年龄沉积物滞留率方面的知识,这些放射同位素是极少有的,因而是用加速器质谱来测量的。
11. 氨基酸外消旋作用	XX		要有壳和骨骼物质。依据蛋白质释放的氨基酸和它们的立体异构体的其后转化。壳比骨状物,木头或富含有机物的沉积物更趋可靠。是极依赖于其他变化因素,尤其是温度和渗漏作用历史。通常作为相对断代法或比较法,但当用其他方法进行校正时,可给出数值年龄。
12. 黑曜石水化作用	X		根据已知事件期间,沿黑曜石裂隙或表面形成的水化作用层厚度。年龄正比于厚度的平方。校准取决于水化速率或数值断代的实验测定。误差是由于温度历史和化学成分的变化而产生的。
13. 火山灰水化作用	X		需要火山灰。根据有水的玻璃质碎片中,逐渐充填的水泡腔,遵从像黑曜石水化作用的相同限制,加其他限制,包括火山灰玻屑和水泡腔的几何形状。
14. 地衣测年法	X—XXX		需要适合地衣生长的、出露的、稳定的岩石基地。最普遍的是在高山和极地区,在那些地区,地衣原植体直径正比于年龄。误差是由于气候的差异、地衣消亡以及错误辨别而引起。应用范围随气候和岩石类型而变化。

续表

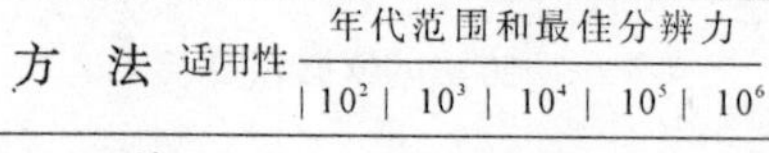

方法	适用性	年代范围和最佳分辨力 10^2 | 10^3 | 10^4 | 10^5 | 10^6	方法的依据和要点
15. 土壤发育	XXXX	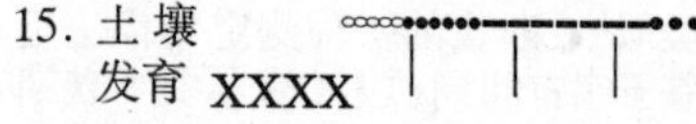	包含大量随时间而发育的土壤性质,所有这些性质还依赖于除时间外的其他变化(母质、气候、植被、地形)。只有其他变化因素保持不变或可以被测定时,才是最有效的。精度随测量的土壤性质而变化;例如,土壤碳酸盐的积累会局部地引起±20%以内的年龄估计数值变化。
16. 岩石和矿物的风化作用	XX		包括大量岩石和矿物随时间而演变的风化作用特征,像风化环的厚度,石灰岩的溶解,辉石类的腐蚀,花岗岩的崩解作用以及沙漠漆的形成,有像土壤发育一样的基本限制。精度随所测量的风化作用特征而变化。
17. 地形逐渐变化	XXX		除时间外,还依赖于气候和岩性等因素。依赖于原生地形的改造和对引起地形变化过程的认识,包括蠕变和侵蚀。
18. 沉积速率	XX		需要在所考虑的时间间隔内,沉积作用有相对不变的速率。数值年龄建立在由其他方法断代的层位间沉积厚度基础上。在冲积沉积物中有很大变化。
19. 地貌状态和下切速率	XXX		地貌下切速率依赖于河流规模,沉积负荷,基岩抗侵蚀的强度以及隆起速率或其他基准面变化。如果可以测定一个阶地水平面的年龄,在假定下切速率不变的情况下,可以对其他阶地面断代。
20. 形变速率	XXX		断代是假定在考虑的时间间隔内,形变速率不变以及需要数值断代来校正。在扩张中心和板块边界,在数百万年时间间隔内,几乎不变的速率可能是成立的。

续表

方　法	适用性	年代范围和最佳分辨力 10^2 | 10^3 | 10^4 | 10^5 | 10^6	方法的依据和要点
21. 地层学	XXXX		根据地层单元的物理性质和层序,包括重叠和内插关系,依赖时间相当地层单元的确定;第四纪地层单元沉积作用通常反映了气候的周期变化。
22. 火山灰年代学	X	分辨能力取决于对特征的辨别和断定那个特征年龄的精确度	要有火山灰以及特殊化学的或岩相学的辨别或火山灰年龄的确定。因为火山灰喷发代表了一次实际的瞬间地质事件,因此在对比法中是非常有用的。
23. 古地磁学	XX		依据于剩余地磁向量的相互关系,包括磁极或有已知地磁变化年龄的向量序列。误差是由于化学地磁的叠加和物理扰动引起的。
24. 化石和人工制品	XX		取决于化石,包括花粉和人工制品的有效性。分辨能力由有机物或文化的变化或发展速率决定,而且要由其他方法来校准。误差是由于辨认错误和解释引起的。
25. 稳定同位素	X		依据同位素变化序列与年龄检验校正的年表的关系。氧同位素资料在深海、冰盖岩核,在洞穴沉积物中也许是有用的。
26. 玻陨石和玻璃微陨石	X		取决于星际间物质碰撞期间形成的玻陨石的辨认和时代的测定。玻陨石散布的区域很大,像约距今700千年前形成的澳大利亚——亚洲玻陨石场。

※　适用性和年代分辨力符号说明

XXXX　几乎总是适用　XX　常常适用　＝＝＝＝＝＝,<2%　……,25%～75%　＋＋＋＋＋＋,2%～8%　ooooooo,75%～200%

XXX　非常适用　X　不常适用　－－－－－－,8%～25%

新年代学方法的发展极大地拓展了我们的认识空间。当确定最近一次断层运动时所需的地层、古生物和区域构造的资料掌握不足或严重缺乏时，“绝对”的地质年龄测定法是必需的。现在的问题是，认识如果达到绝对化的地步，就会出现谬误。选址的实践表明，绝对年龄测定的数值往往被当作最后的一招，只要有了数据，各方面似乎都感到了某种满足，问题简化到只是采样、测年，而把详细的地质调查认为是多余的，对测年方法及它的物理意义不作研究，甚至连测年的误差范围也不顾，这是不足取的。美国核管理委员会曾对大致 18 种断层活动年龄的测定方法提出了技术研究报告，并在规范中说明用于确定断层活动年龄适用的年龄测定方法，这些都是值得借鉴的。

综上所述，年代学的数据运用应建立在切实的地质考察资料上，应用测年方法时应至少考虑两种以上的技术手段，以利于最终结论的可对比性。这就是断代方法应用的基本原则。作者的这种观点在相应的规范中也已得到体现。

第四节　能动构造的几何原则

地表断裂的存在无论多么复杂，它们都不是孤立的、相互无关联的，这种关系往往以断裂的系统或体系化为特点。特别是一条长期发育的“长寿”断层，在地表的表现不可能只是单一的构造线，断层的运动往往派生出分支断层，为调整断层运动影响范围内的应力状态还会在离主干断层一定距离内产生次级断层。对主断层、分支断层、次级断层的分析，属于断层在空间分布的几何关系，不直接涉及到断层的运动学和动力学问题，而断层的几何结构显然是断层的运动学和动力学的结果。准确划分断层的几何结构关系对预测今后断层运动牵动影响的范围无疑是必不可少的（见图 5）。

能动构造的几何牵动关系源于一次地震调查的结果。1968

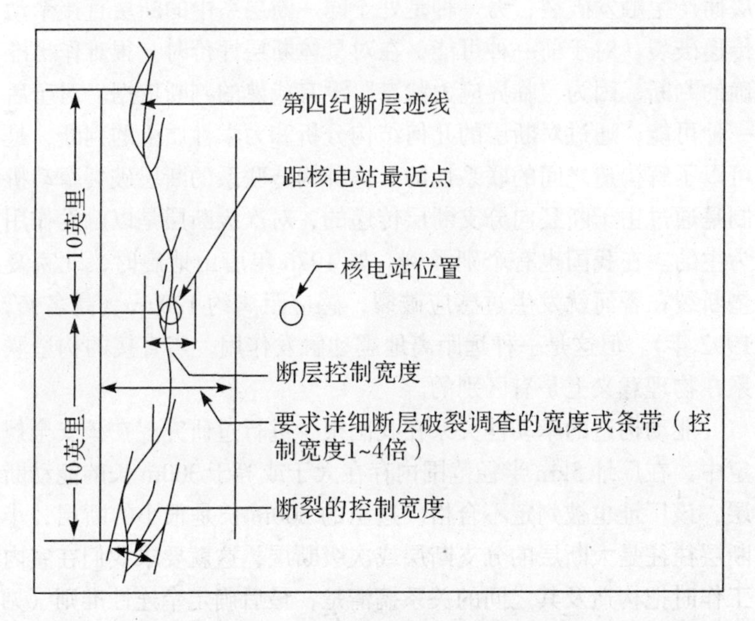

图5 具体核电站厂址要求详细断裂作用调查带宽的边界示意图

Fig.5 Schematic Illustration of Delineation of Width of Zone Requiring Detailed Faulting Investigations for Specific Nuclear Power Plant Location (From 10FR 100，App. A. Redrawn.)

年，美国西部的 Borrego 山发生过一次 6.4 级地震。震后，C. R. Allen 教授率队进行了调查，结果发现了一种十分奇怪的构造现象：此次震中区产生了长达 31km 长的地表破裂带（Coyote Creek Fault)，与此同时还触发了 Imperial 断层、Superstition 山断层和 San Andreas 断层的同步错动。据此次地震的余震分布来看，这些感应错动的断层都分布在应变区之外，其中 Imperial 断层的感应破裂距震中已达 70km，距 San Andreas 断层 50km，最大右旋位错 1～2.5cm，感应破裂的长度达 30km。这种现象可以作两种解释：一种是远距离的地震动作用于临界应力累积下的断层而产生触发破裂；另一种是处于同一断层系中的断层直接牵动传递破裂。对于前一种可能，在对具体断层评价时，很难作出准确的判断，因为“临界应力状态”没有成熟的判断依据。对于后一种可能，通过对断层的几何结构分析和力学性质上的判断，是可以了解构造之间的联系性的。这种构造联系的断层破裂牵动机制是通过主干断裂向分支断层传递的，对次级断层是以触发作用为主的。在我国也有个别震例，如1976年唐山地震时，北京夏垫断裂在香河就发生过感应破裂，感应距离约120km（高名修，1992年）。但这是一种远距离地震动触发作用，与直接的构造联系在物理意义上是有区别的。

能动构造的牵动性关系在我国很少进行过研究。在核安全规定中，在厂址5km半径范围内存在大于或等于300m长的能动断层，该厂址也被判定不合格。这里的300m长是很小的断层，小断层往往是大断层的分支断层或次级断层，这就要求我们在室内工作时把构造及其之间的关系搞清楚，最后确定牵连性准则（见图6）。

表10 要求详细断裂作用调查的带宽确定（引自附录A，1993年）

Tab.10 Determination of Zone Requiring Detailed Faulting Investigation（From Pt. 100，App. A，1993）

震　级	要求详细断裂作用调查的带宽
小于5.5	1×控制宽度
5.5～6.4	2×控制宽度
6.5～7.5	3×控制宽度
大于7.5	4×控制宽度

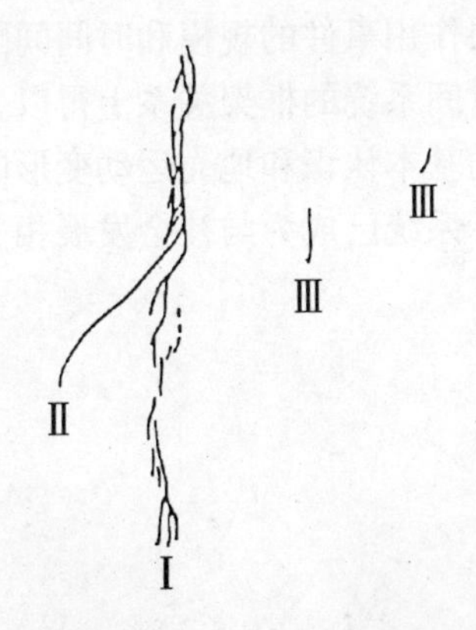

Ⅰ. 主断裂带　　Ⅰ. Main Fault Zone
Ⅱ. 分支断裂　　Ⅱ. Branch Fault
Ⅲ. 次级断裂　　Ⅲ. Secondary Fault

图 6　断裂的类别

Fig.6　Categories of faults (From Bonilla, 1967 年)

第五节　小　结

能动构造的四条识别原则中最根本的还是有关年代的尺度问题。测定或评价断层最近一次运动的时间，是预测今后某时间段内运动特征的主要依据。尽管新的年代学方法发展很快，但精确而实用的并不是很多。因此，地层学调查包括岩石学特性和层序，是了解活动构造事件的基础。断层上覆地层特别是最新地层中包含的丰富的构造信息量，需要以实地调查为主的方法，辅以相应的技术手段予以提取和印证，而不是决定性地取决于几个测年数据。特别是能动构造的时间标度，应当以立足特定构造背景作为评价的基准，揭示大地构造运动广泛引起的各种构造现象的关联，新沉积物的沉积顺序、范围、厚度以及遭到连续或间断错动的时间上延点和尽可能寻找到的空间关系，以重建断层作用的最新历史，重现断层作用事件的规模和时间间隔，使之局部的和区域的构造事件在时间系统的框架关系上得以分析。因此，梳理我国现今构造活动的基本认识和地壳运动变形的依据，建立这种运动图像的时间坐标系统已成为与社会发展相关的前沿性地学问题。

第四章　能动构造的时间标度研究

第一节　能动构造的时间标度

远在现代地质学的启蒙时期，俄国的罗蒙诺索夫（1757 年）在一篇题为《论地震生成金属》的文章中就已经认识到“地震与地壳中断裂的形成有关”。从现在已有的认识来看，罗蒙诺索夫把断裂运动判别的时间坐标点定在现今的地震上。限于历史的原因，他当然不可能有“从过去了解现在，从现在预测未来”这样的哲学思想。源于美国的“活动断层”一词，应当是最早建立时间的尺度标准，然而在 20 世纪 70 年代以前美国出版的地质名词字典中并没有这个词汇，更不可能有时间的含义了。同时，美国在 1913 年就已成立了“断层名词命名委员会”，罗列的同义词多达 16 个（Active, Modern, Fresh, Recent, Recurrent, Reactiva-ted, Progressive, Contemporaneous, Renewed, Rejuvenated, Growth, Depositional, Revived, Pleistocene, Quaternary 和 Earth-quake faults)，显然是由于争议多于结论的缘故，关于时间的标度始终不能定论。徐煜坚、李玶等在 1965 年发表的《新构造学的研究现状》中曾鲜明地提出新构造学的六大问题：用词混乱、理解各异；旧框框的束缚；基本概念不明确；事实少而结论过于肯定；精密数值有“误差”；收集一大堆材料，怎样综合？最后一个问题是怎样把这些纵横交错而分工很细的方法紧密结合？综合到多大范围、规模和限度？特别是对在数量上极为悬殊，在时间上、空间上和性质上又截然不同的数据怎样进行对比联系。因为方法无论怎样系统完整，资料数据又怎样详尽精确，如果没有抓住主要问题的关键，预想的目的是达不到的。现在回顾这些问题并不是旧话重提，而是由于30年前的大问题，随着大量积累的新资料和新的发现，问题的本身似乎显得比过去还要难以解决，给人一种原地踏步转圈圈，进一步退两步的感觉。不过认识的进展却是体现在问题本身的逐渐深化之中。

1965年美国的C. R. Allen教授最早提出：假如冲积层上的水平错位和陡坎被认为是判别断层活动的准则，那么“活动”一词必须回到大约100 000年前更新世事件的年代确定中应用。但是对于“大约100 000年前”的认定恐怕主要是经验，如何保证年代的无争议性，它所包括的构造意义是什么，“大约100 000年以来”如何测定均无论述。新西兰在建立自己的标准来划分活动断层类型时，首次根据最近时期（即第四纪最后一次冰期的初期50 000年或500 000年间）的断层反复运动资料，将其活动度分为Ⅰ～Ⅲ类（见表11）作为未来活动性评价的工程学上的标准。这里提出了一个明确的假定，即第四纪冰期的来临与构造运动不只是时间上的吻合，而是所具有的必然内在联系，因为断层运动对冰碛层的错动和影响是确定运动时间最佳的选择。

表11 断层的活动度分类（新西兰地质调查所，1966）

Tab. 11 Classification of the Fault Activity

活断层的分类		在最近5 000年内活动		
		反复	一次	无
在5 000～50 000年内活动	反复	Ⅰ	Ⅰ	Ⅱ
	一次	Ⅰ	Ⅱ	Ⅲ
	无	Ⅰ	Ⅲ	-

续表

活断层的分类		在最近 5 000 年内活动		
		反复	一次	无
在 50 000～500 000 年内活动	反复	Ⅰ	Ⅱ	Ⅲ
	一次	Ⅰ	Ⅲ	不活动
	无	Ⅰ	Ⅳ	–

日本是一个岛弧国家，岛内火山活动频繁，火山沉积物覆盖全岛，这些地层记录包含了过去构造事件清楚的运动证据，每一层由火山灰、火山角砾以及熔岩流组成的层位保存了复杂的火山活动的证据，每一层都有不同的化学和矿物学特性，并且它们是在几天或几周内沉积下来的，使之全部在大区域范围内提供了醒目的时间标志。日本原子能委员会（JAEC）在《关于发电用反应堆设施抗震设计审查指南》（1981 年修订）中规定了两个年龄限，1 万年和 5 万年。规定 1 万年（全新世）以来活动过的作为 S_2 震源断层设计，1 万年以上、5 万年以内活动过的作为 S_1 断层考虑，5 万年以前活动的不作为震源断层。这里的 5 万年与新西兰不同，它是指火山灰沉积的年龄，其中比较典型的是武藏野垆姆累积层，裂变径迹测年法确定的年龄为（4.9±0.5）$\times 10^4$ 年，该层分布比较广，是断层运动理想的参照物。值得指出的是，火山活动与构造活动往往具有不可分割的关系，特别是在日本这样的岛弧国家。

在美国不同的公开机构和专家个人提出过许多年龄尺度，Bonilla（1969 年）提出："活动断层可定义为过去不久前发生过活动，而且可能在不久的将来会活动的断层。这里所说的'不久前'包含现代和追溯过去的无限的时间段，这个时间，许多地质学家认为至少包括全新世（约为 10 000 年）。'不久的将来'其包含的时间长度是工程结构物的寿命期，或者在将来长期计划中所考虑的时间段。" Cluff 和 Bolt 则提出：近代（近几千年来）地

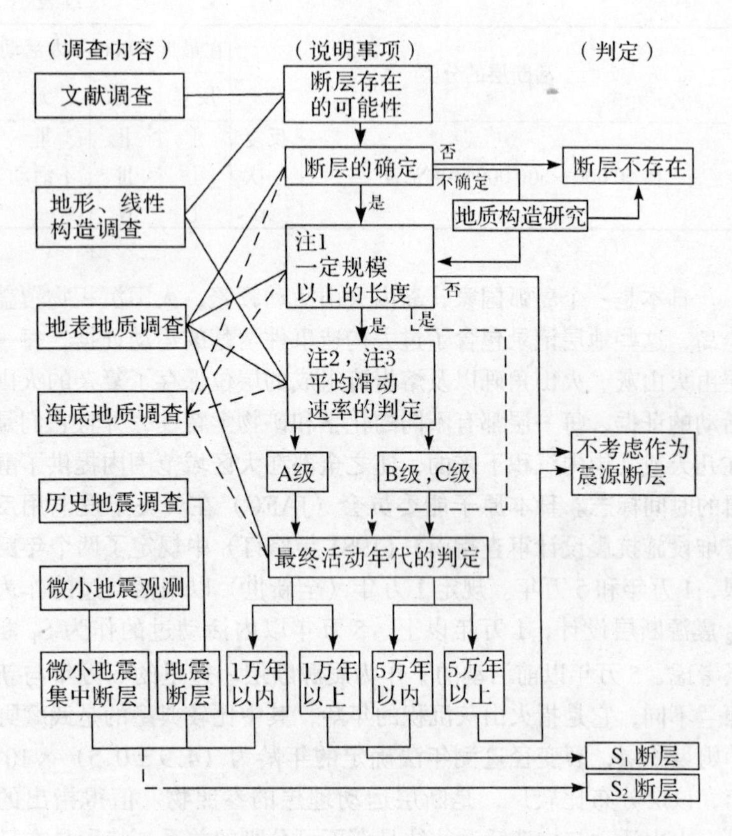

图 7　区域调查及断层活动性调查流程图

（据日本土木学会原子能土木研究所等，1985 年）

Fig. 7　Flow Chart for Fault Activity and Regional Geological Surveying

区域上只调查长 10km 以上的断层，厂址附近断层长度应短些；虚线表示应该研究，但一般判定比较困难的；长期平均滑动速率 S (mm/年)分 3 级：A级 S≥1，B级 l≥0.1，C级S<0.1

质运动的痕迹和缓慢的断层滑动属活动断层。Wesson（1972 年）要求有“距今（约 300 万年以前）第四纪错位的地质构造痕迹。”

Ziony 等人（1973 年）提出："在过去 50 万年，晚第四纪中所有区域断层可能被证明或认为是运动的，因而对核电站反应堆和其他需要较大安全系数的构筑物厂址的选择目的来说，可能被认为是活动的；而对土地利用要求较差者，很多这样的断层则被认为是不活动的"。归纳起来，专家们提出的时间有 10 000 年，35 000年，150 000 年，500 000 年，1 000 000 年，等等，这些定义包括了法律意义和必要的社会责任。这样大范围的时间范围的不一致性，已经引起了混乱和伴随的工程、社会和法律上的困难。许多不同定义混淆在一起，包括断层特性的认同准则，计算活动程度的界线和判据，以及有关人类可接受的危险程度水平标准的见解，等等。1971 年美国 AEC 提出的 35 000 年和 500 000 年的时间界线，它的本身并不包含有特定的构造意义。从已公布的材料分析，美国的地质学家们从 20 世纪 80 年代中期以来相对一致地认为，了解目前到大约 500 000 年前的这一时期（晚第四纪），对于分析与社会有重大关系的活动构造，是最好的基础。为了研究这个时期，特别需要地质、地震、地球物理和大地测量方法的配合，而构造过程速率的测定和晚第四纪（距今近 500 000年）物质断代方法是研究中最应优先考虑的。但是，这个"500 000 年"提出的地质意义及其理论依据并不清楚。为了查找"500 000 年"提出的背景条件，作者查阅了大量文献，包括 20 世纪 70 年代以来出版的系列评价地震地质灾害的技术状态（State－of－the－Art）丛书，如 David B. Slemmons 的"美国评价地震危险性的技术状态：断层与地震震级"（Miscellaneous Paper S－73－1），Ellis L. Krinitzsky 的"美国评价地震危险性的技术状态：地震工程中的断层评价"（AD－780 686），美国 NRC 出版的系列管理导则（Regulatory Guide），1979 年美国 GSA 出版的"核电厂选址中的地质学"，1986 年美国科学出版社出版的"活动构造学"，1990 年 GSA 出版的"地震评价中的新构造学"，包括 1995 年第二十一届 IUGG 大会美国提交的国家报告，均未能从中找到答案。这就使得“50 000 年”的提法未能得到相应资料的支持，至少不能具有普遍性的意义。

K. R. Lajoie(1986 年)在《活动构造学》一书的第六章“海岸大地构造学”中列举了大量地质地貌的构造年龄数据,其中描述了第四纪(过去 200 万年)间海平面升降及其第四纪地貌表现出的特殊构造现象。对海滨线(废弃的或残余的海岸线),用已经变位和变形的更新世(200 万年到 10 000 年前)海滨线海侵时间序列证明连续长期地壳的运动图像。如南加利福尼亚巴鲁士维斯特半岛海滨线形成的奇特的梯形阶地,其最低的海滨线阶地约 10 万年,最高者约 100 万年(见图 8)。在加州的圣它克罗士附近的侵蚀海滨线的横剖面图上(见图 9),最低的一级浪蚀台地是 10.4 万年。新几内亚古海面曲线的最重要特点,是在过去长期地质年间大致有 10 万年的周期性间冰期高位期。在巴巴多斯岛和深海钻孔中更长的古海面记录表明,10 万年的主要间冰期高海面周期至少可以追溯到 70 万年前(Shackleton, Opdyke,1973 年; Bender 等,1979 年)。根据世界各地已知的上升海岸得到的更新世海滨线年龄以及更为重要的一系列独立得到的晚更新世海面曲线的海面高位相似高程证明,至少在过去的 30 万年内也很可能更长的时间内,大的海面升降是同时的而且是相一致的(Veeh, Valentine, 1967 年;Bloon 等,1974 年; Konishi 等,1974 年; Ku, Kern, 1974 年; Moore, Samayajwu,1974 年;Chappell,Veeh,1978 年;Harmon 等,1978 年;Marshall,Lannay,1978 年;Bender 等,1979 年;Dodge 等,1983 年;Ward,1985 年;Lajoie,1986 年)。在日本(Miyoshi,1983 年),新西兰(W. Bwll,1983 年)以及加利福尼亚(Hanks 等,1984 年)的未知年龄海滨线序列与新几内亚古海面曲线上 12 万年到 4 万年的高海面图像的相关性表明(见图 9),所有四个地区的海滨线都是同步的,并且有共同的资料。Lajoie 进一步认为,沿多数上升海岸线保存得最好的更新世海滨线与 12 万年, 10.4 万年和 8.2 万年的海面高位相对应,不过在地壳快速上升区(大于 4m/千年),因侵蚀

图8 南加利福尼亚巴鲁士维斯特半岛上升海滨线形成的梯形阶地
Fig.8 Steplike Terraces of Some Peninsula in Southern California
构造活动使海岸线上这些以及类似的海滨线既记录了地壳的抬升又记录了主要的海平面升降变化。图中最低的海滨线阶地约10万年，最高者约100万年。半岛的最高点约海拔450米。据Davidson(1889年)修改。

过程加快，早于12万年的海滨线几乎荡然无存，但是12万年以内的海滨线(Chappell,1983年)最清楚、最完整地记录了晚更新世海面的变动历史和地壳运动韵律性结构。不过作者在文中提到这样一段未经文字证实的话："美国核管理委员会和加利福尼亚州公共事业委员会利用海滨线与断层的相对关系，在沿海地区要害工程建设的地震危险性估计中来间接确定活断层。这两个机构都认为，如果断层在过去10万年间活动过，那么断层就具有潜在的活动性。特别是因为12万年到8.2万年的海滨线是沿大多数海岸线最突出的，最能精确地确定构造标志的年代。"

有趣的是12万年的海滨线还发现许多与板块运动直接相关的变形(通常指褶皱和断裂)现象。所有被海洋海滨线记录的构造位移事件多出现在沿板块俯冲产生的挤压构造体系中逆断层上盘的年轻背斜轴上，这种记录到的平均长期位移，至少在10万～50万年间是相对稳定的(Bloom等，1974年；Konishi等，1974年；Moore和Samayajwlu，1974年；Chappell，Veeh，1978年；Bender等，1979年；Harmon等，1981年；Dodge等，1983年；Chappell，1983年；Hanks等，1984年)。巴布亚新几内亚的胡昂岛上的晚更新世海滨线记录了12万年以来的连续倾斜(Chappell,1974年)。日本的尾佐渡和古佐渡隔有几公里的小海湾，而左、右半岛两侧的海滨线12万年的对应高程被垂直错开了75m(见图10)。在南加

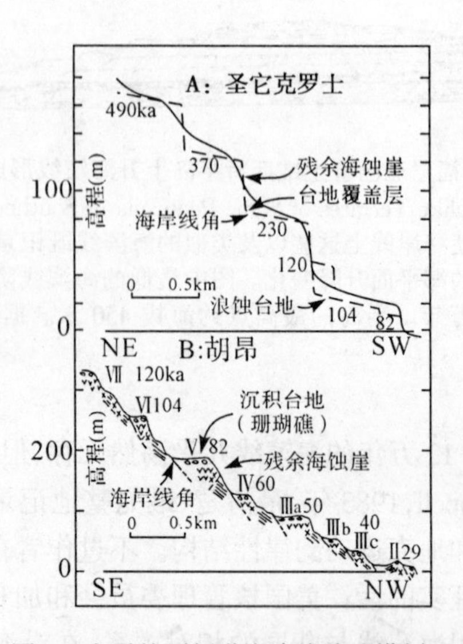

图 9　出露的更新世海滨线阶地横剖面

Fig. 9　Cross Profile of the Shore Terraces in Pleistocene Epoch

A.加利福尼亚圣它克罗士附近的侵蚀海滨线。实线表示现存地形剖面。虚线表示每个海滨线阶地的原始剖面，由背靠残余海蚀崖的残余波蚀台地组成。台地和海蚀崖的交角为海岸线角，近似于古海岸线。来自海蚀崖的剥蚀并向海变薄的冲积物沉积覆盖于浪蚀台地之上。当下一个较低的(10.4 万年)台地被冲刷时，12 万年的海滨线从此剖面上消失；12 万年海滨线出现在该位置以北几公里，被投影到此剖面上。三个最低的海滨线由古生物学，氨基酸和地貌法作了断代。根据 8.2 万年海滨线的垂直位移(28m)得到平均上升速率(0.35m/千年)。三个最高海滨线按这个上升速率的外推以及一系列更高(更老)残余海蚀崖渐次变缓的坡度角的数值分析作了断代。据 Hanks 等(1984 年)修改。

B.巴布亚新几内亚胡昂半岛上的沉积海滨线阶地。每个台地都为残余珊瑚礁。从这些海滨线珊瑚化石的 U 系列年代提供了冰川——海面升降的历史，作为测定全球其他海岸线垂直构造运动的构造资料。胡昂半岛上最大平均上升速率为 4m/千年，是由 12 万年海滨线的最大垂直位移(500m)求得的。注意，圣它克罗士海岸线上的三条最低海滨线与该系列中的三条最高海滨线相关。据 Chappell(1974 年)修改。

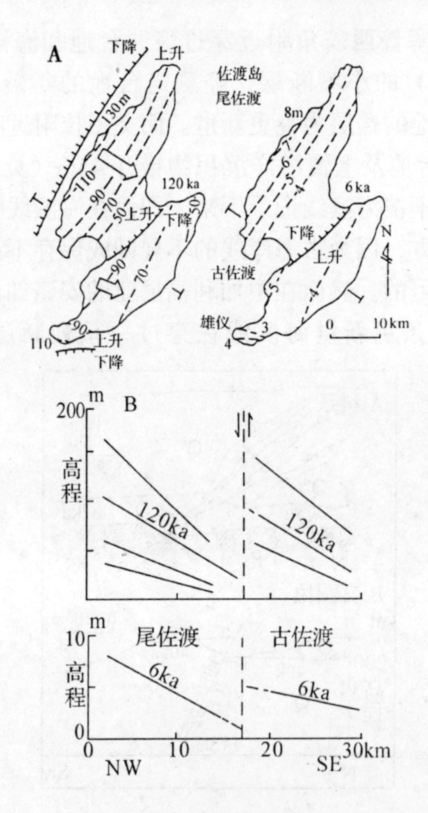

图 10　日本佐渡岛倾斜海滨线

Fig. 10　Shelving Shore Lines of Some Island, Japan

A. 由 12 万年和 6 千年确定的等基线揭示了组成该岛的两个连续构造地块(尾佐渡和古佐渡)向东南倾斜。注意,只有沿海岸线才有资料点;内插的等基线穿过岛区。

B. 更新世和全新世海滨线的纵剖面也显示了连续倾斜。海滨线资料表明,两个地块的倾斜速率为常数但彼此明显不同。如果分开该岛两部分的断层直立,12 万年的海滨线错开约 75m,6 千年的海滨线错开约 4m,得到相似的平均滑动速率,分别为 0.6m/千年和0.7m/千年。据 Tamura(1979 年)修改。

利福尼亚的康塞普西翁角附近穿过浪蚀台地和海洋沉积（Q^{tm}）和冲积物（Q^{al}）的小型断层，经测定台地的年龄是 8.2 万年，故推定上覆阶地的盖层为晚更新世。而文图拉附近哈文谷断层使 4 万年的浪蚀台地及上覆海洋沉积物错开 45m（见图 11）。水平断层运动几乎不被海滨线记录下来，即使在海滨线明显穿过活动走滑断层的地方，因为古海岸线的不规则或保存不良，错开的形态总是模棱两可的。然而在中加利福尼亚的安诺如也夫角，穿过大断层系的两条更新世海滨线在穿过一系列断层处时被错开

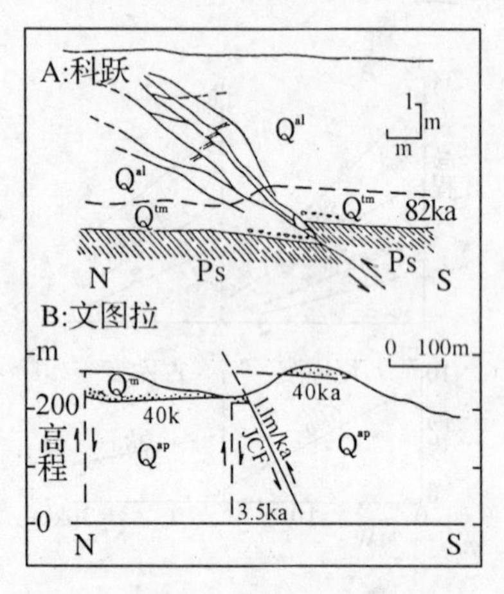

图 11　由海洋海滨线横断面中的错断所记录的断层位错垂直分量

Fig. 11　Vertical Component of Fault Displacement by the Strand Line Cross Profiles

A. 南加利福尼亚康塞普西翁角附近穿过小型层面断层，浪蚀台地和上覆的海洋沉积(Q^{tm})和冲积物(Q^{al})错断约 1m。图解法和氨基酸法确定台地年龄为 8.2 万年。上覆阶地盖层可能是晚更新世或早全新世。据 Dames 和 Moore 顾问(1981 年)和 Lajoie 和 Sarna－Wojcicki(1982 年)修改。

B. 文图拉附近哈文谷断层(JCF)使 4 万年的浪蚀台地及上覆海洋沉积错断 45m，得到长期滑动速率 1.1m/千年。横过一条小断层，属 3.5 千年海滨线的河蚀台地被错断 4m，得到了类似的短期滑动速率 1.2m/千年。据 Sarna－Wojcicki 等(1986 年)修改。

(Weber, Lajoie, 1977年; Weber, Cotton, 1981年)。

总之，从已知海岸地貌反映出来的构造运动现象，表现了大约10万年就会出现一次运动振荡的节律，而特别是10.4万年和12万年的海滨线高程完好保存的事实，显示了近大约10万年(晚更新世)以来构造运动的全球响应性(见图12)。

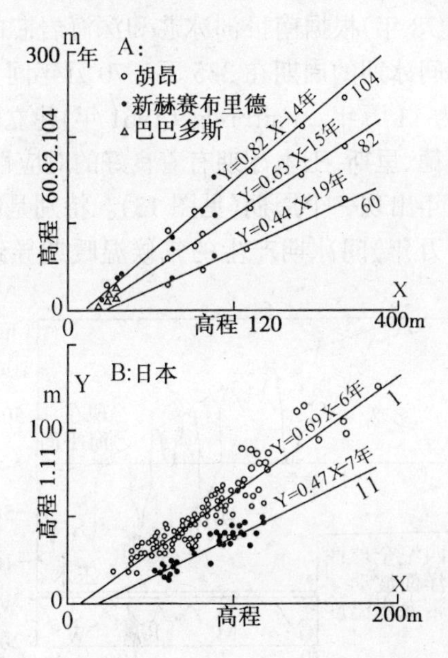

图12 用图解法得到的更新世海滨线的对应关系

Fig.12 Corresponding Relationship of the Shelving Shore Lines of Pleistocene Epoch Used the Graphic Interpretation

A. 世界不同地区已知年代海滨线(6万年, 8.2万年, 10.4万年和12万年)

B. 整个日本群岛配对的未知年代海滨线(Ⅰ和S; Ⅱ和S)。这两个图的常数表明, S, Ⅰ和Ⅱ海滨线分别与12万年, 8.0万年以及6.0万年的海滨线相对应。据Miyoshi(1983年)修改。

全球不同地区已知年代的海滨线突出表现了10.4万年和12万年以来地壳的抬升运动以及该次运动的持续性。海洋学家们从深海岩芯的氧同位素测定中,提供了可以与之对比的第四纪海平面变化。从氧同位素曲线上看,自70万年以来(中更新世),大约每10万年发生一次主要的海平面升降周期(林观得,孙亨伦,1987年)。Frakes(1978年)根据南极洲冰芯和深海岩芯的氧同位素分析提出,冰期与间冰期的周期在335万~70万年间为17万年,70万年以来大约为11万年。Fairbridge(1961年)建立的全球海平面变化与贡兹、明德、里斯、玉木冰期有着良好的对应性,它们就像时钟一样每10万年出现一个周期(见图13)。特别是晚更新世以来(12.7万~7.5万年)间冰期产生的气候温暖期导致全球性高海

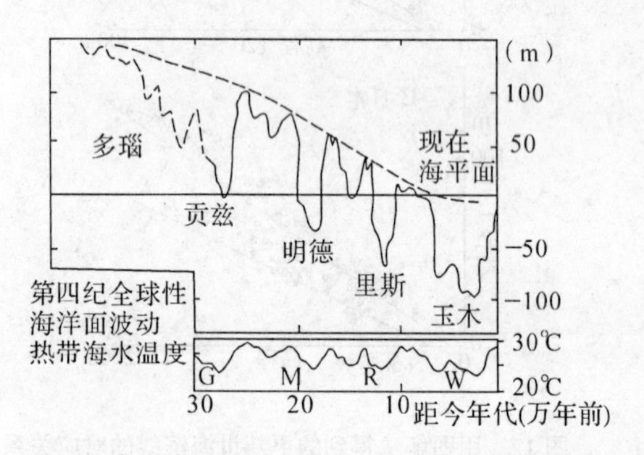

图13　20世纪60年代初期建立的全球性海平面变化曲线并且和传统的第四纪四个冰期以及埃米连尼获得的热带海水温度对比(根据Fairbridge,1961年)

Fig.13　Global Sea Level Variations and Tropical Sea Water Temperature During the Quaternary Era

面,如巴巴多斯,新几内亚、地中海、百慕大、马来西亚东海岸外和澳大利亚等地区。此次广泛的海侵为大量资料所证实。最显著的典型代表为巴巴多斯和新几内亚,两地的测年资料显示出一致的

结果,在12.5万年、10.5万年和8.5万~8.2万年时存在三次高海面期(Mesolella等,1969年;Bloom等,1974年),其中以12.5万年一次的海面为最高。而同期我国北方沿海尤其是渤海西岸出现大规模海侵,据渤海钻孔BC_1古地磁资料显示其年代分别为13.1年~11.8万年,10.8年~9.0万年和8.5年~7.0万年;黄海QC_2孔的氧同位素相应年龄为12.7万~7.5万年。隔海毗邻的日本横滨地区,同期的海侵称"下末吉海侵",其裂变径迹年代为13.0万~12.0万年(见图14,表12)。

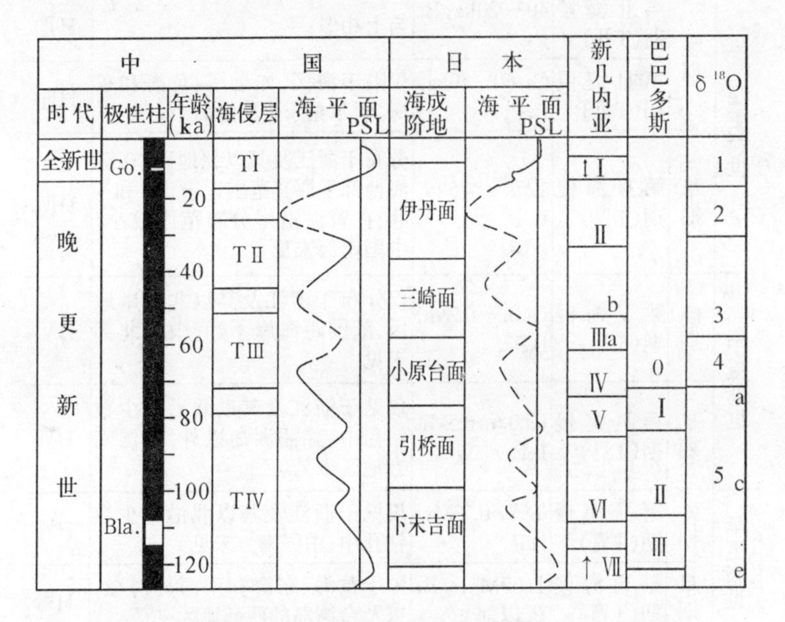

图14 晚更新世以来海侵对比(据国际地质对比计划第218项中国工作组杨子赓、林和茂,1993年)

Fig. 14 Late Pleistocene Transgression Correlation

资料来源:日本——成濑洋1977年;新几内亚——Bloom等,1974年;巴巴多斯—Mesolella,1969年;Go.—哥德堡漂移;Bla.—布莱克漂移

表 12 中国东部第四纪海侵分期

Tab. 12 The Subdivision of the Transgression in Quaternary in the Eastern Part of China

时代		海侵分期	年 龄	海侵分布范围	QC_2 孔
全新世		第Ⅰ海侵期(TⅠ)	11 000a,B.P.以来	在中国沿海地区广泛分布,中国北部可深入陆区＞100km,中国南部仅见于沿岸小盆地和河口平原区	HⅠ
晚更新世	晚期	第Ⅱ海侵期(TⅡ)	40～20ka,B.P.	与上相似	HⅡ
		第Ⅲ海侵期(TⅢ)	Ca.60～50ka,B.P.	仅限于海区,如渤海、黄海和东海,偶尔见于个别海岛	HⅢ
	早期	第Ⅳ海侵期(TⅣ)	127 ～ 75ka,B.P.	分布于浙江及其以北地区;在渤海西部平原其范围近于TⅠ和TⅡ;在黄海沿岸分布范围较小,中国南部未见	HⅣ
中更新世	晚期	第Ⅴ海侵期(TⅤ)	Ca.0.3~0.2Ma,B.P	仅分布于浙江及其以北沿岸地区,范围距海岸不远,中国北部未见	HⅤ
	早期	第Ⅵ海侵期(TⅥ)	Ca.0.6~0.5Ma,B.P	仅见于浙江及其以北沿岸少数钻孔中,除涠洲岛以外,中国南方地区未见	HⅥ
早更新世	晚期	第Ⅶ海侵期(TⅦ)	0.97~0.73Ma,B.P	仅见于浙江及其以北沿岸少数钻孔中,中国南方未见	HⅦ
	早期	第Ⅷ海侵期(TⅧ)	1.67Ma, B.P.以前	限于黄海、东海和南海等海域,以及台湾岛的西部地区	HⅧ

海平面的变化从来都不是一种孤立的海洋现象，任何地质学理论都必须解释地质时期的海进与海退现象，因为研究海平面的变化直接涉及板块构造、地壳运动、地壳均衡和沉积作用问题，全球或地区性海平面变化的曲线建立，可用以推测局部构造运动

的状态、速度和构造的分区（林观得，孙亨伦，1987年）。

第二节　我国近10万年来的构造运动

我国的新构造运动源于喜马拉雅造山运动。青藏高原的强烈隆起就像强劲的构造“发动机”,推动地壳的变形和运动,塑造现今的地貌格局,改变构造应场状态,促使断裂的复活。晚更新世以来喜马拉雅山脉的加速抬升向东波及的证据表现在以下几个方面:

1. 现代地貌进入成熟期。我国的地貌大势，山川格局及河流取向虽然在新构造期（N）以来基本定型，但晚更新世以来的剧变加剧了现代地貌进入成熟期。黄河中游水系于晚更新世始于形成（张抗，1989年），万里长江一直至15万～17万年才东西贯通①（赵诚，1995年）。鄂尔多斯地区在晚第四纪（距今约10万年）结束了温带草原、森林和灌丛草原的中更新世古地理环境，开始接受巨厚的马兰黄土堆积（史培军，1991年）。汾渭地堑北端的桑干河地堑，在上新世末期至第四纪为古泥河湾湖，晚更新世的马兰黄土覆盖古泥河湾湖，结束了湖盆的发育历史（杨子赓、林和茂,1993年),实际上整个山西地堑由于中更新世末～晚更新世初期的一次强烈构造运动，区域整体抬升，盆内湖水大量外“泼”，湖水变浅且水位频繁波动，逐渐消亡，进入晚更新世后，残余的湖盆星星点点，湖相堆积变为河流相堆积，昔日烟波浩渺的景观一去不复返了（易明初，1993年）。华北平原的马兰黄土在晚更新世是主要的成土期，其间发生过三次大规模的海

---

① 关于长江的起源有先成河、顺向河、叠置河、溯源袭夺四种认识。形成时代有2亿年、1.35亿年、6千万年、200万年、100万～70万年，60万～30万年，15万～17万年不同结论。另据武汉水文地质大队秦志能（1986年）根据大量江汉平原钻孔资料认为，晚更新世以前不存在古长江遗迹。

侵，在渤海西岸向内陆延伸了 80～120km（陈望和、倪明云，1987 年）。北京平原区的古地理环境在晚更新世的显著变化，突出表现在水文网及现代地貌结构的形成，古永定河形成巨大的冲积扇（李华章，1995 年）。淮北平原在 15 万～14 万年发生强烈的上升（被称为喜马拉雅运动第四幕第三期），结束了以湖相沉积为主的阶段，在经历了一次较短的侵蚀夷平阶段之后，大约在 13 万年淮北盆地开始下降，从而在根本上改变了南高北低、东高西低的基本地貌格局，形成了西北高、东南低的地势（金权等，1990 年）。

2. 断裂活动方式发生转变。第四纪是构造的活跃期，至晚更新世发生了重大的转变。鄂尔多斯周缘的活断层在我国大陆内部自成一个系统，是一组十分具有活动特色的正断层系，且是我国北方最明显的强震活动带，沿此活动带历史上发生过 5 次 8 级及 8 级以上的强震，它们包括银川——吉兰泰断陷带，河套断陷带，山西断陷带，渭河断陷带，鄂尔多斯西南边缘的弧形断裂束等，这些构造带自中更新世末期至晚新世初期发生了一次明显的垂直差异性构造运动，许多断层直接错断了晚更新世的黄土（见表 13）。海原断裂带是青藏高原东北缘一系列活动断裂带中的一条，它的形成和演化过程，尤其是新活动特征与青藏高原的形成、演化、新活动等都有着十分密切的关系，本区晚更新世地层分布很广，以风成黄土与冲洪积砂砾石层为主，构成洪积台地、黄土塬和黄河及其支流的高阶地，晚更新世断裂的倾滑与走滑运动都有反映，前者表现在河流相阶地的错断和晚更新世地层的变动，如海原断裂带上野狐坡晚更新世砾石层作 35°倾斜。卫宁盆地晚更新世沿断裂的差异运动幅度超过 40m，断裂走滑运动左旋错开了沿断裂线的山脊和冲沟（汪一鹏，1990 年）。新疆阿尔泰山地区的富蕴断裂带以其一系列强震而闻名，如 1905 年 7 月 9 日和 23 日沿杭爱断裂带发生的两次 8 级地震，1931 年 8 月 11 日富蕴 8 级地震，1957 年 12 月 4 日戈壁阿尔泰 8.3 级地震。二

表13　骊山山前断裂晚第四纪断层露头

Tab. 13　Faulted Late Quaternary Formation of Piedmont Fault Zone of Lishan Mountain

地　　点	断层产状	垂直断距(m)	错断最新地层
庙湾	10°∠55°	10	晚更新世黄土
庙湾西	340°∠65°	>6	晚更新世黄土
古道村	10°∠60°	10	晚更新世黄土
古道村	350°∠60°	5	晚更新世黄土
古道村	170°∠55°	<1	晚更新世黄土
古道村	30°∠55°	<5	晚更新世黄土
堡李村东	20°∠55°	4	晚更新世黄土
堡李村	20°∠45°	10	晚更新世黄土
柳　沟	27°∠80°	10	晚更新世黄土
马岩村	335°∠70°	10	晚更新世黄土
高邢村	70°∠73°	3	晚更新世黄土
任　村	345°∠68°		晚更新世黄土
任　村	340°∠60°	8.5	晚更新世黄土
山孙村	340°∠50°	5	晚更新世黄土
庞家坡	350°∠67°	6	晚更新世黄土
庞家坡	350°∠67°	1	晚更新世黄土
庞家坡	350°∠67°	0.8	晚更新世黄土
庞家沟	350°∠67°	2	晚更新世黄土
杜　家	290°∠54°	0.3	晚更新世黄土
陈家窑	335°∠65°	3	晚更新世黄土
三刘村东南	325°∠65°	5	晚更新世黄土及砾石层
三刘村东南	330°∠65°	0.7	晚更新世黄土
山底岳	10°∠70°	7	晚更新世黄土
山底岳	30°∠80°	1.5	晚更新世黄土
坡　房	340°∠70°	4.5	晚更新世黄土
坡　房	350°∠65°		晚更新世黄土

台断裂是富蕴断裂带中一条形成较晚、规模不大的断裂，沿断裂

发现多处新地层错断现象，晚更新世砾石层错动带宽 10～15cm，砾石长轴近于直立，通过岩组统计分析，晚更新世以来构造应力发生显著变化，断裂由逆冲型向走滑型转变（见表 14）。根据晚

表 14　二台断裂岩组分析结果（据戈树漠等，1985 年）

Tab. 14　The Results of Petrofabric Analysis for the Ertal Fault

时　间	样品数	主压应力轴		主张应力轴	
		方位	俯角	方位	仰角
全新世晚期	3	206°	2°	299°	21°
晚更新世——全新世早期	5	61°	21°	185°	32°

更新世二级水系被错开的距离和低阶地的抬升幅度计算，晚更新世断裂的走滑运动速率发生突变，由中更新世的 4.3mm/年猛增到 19.1mm/年，平均垂直位移与水平位移之比由 1:16 增大到 1:22（见表 15）。阿尔金断裂带是青藏高原西北部又一条巨大的断裂带（见图 15），全长达1 600多 km，该断裂历经了四次大的运动阶段：上新世末期至早更新世初；早更新世中期或末期；中更新世末期至晚更新世初；晚更新世末期至全新世初。而中更新世末与晚更新世初，青藏高原连续强烈地隆起，出现两次冰期与一次间冰期的重大环境变化，形成明显的侵蚀面，高台洪积扇与Ⅱ期洪积扇地貌面的高程差异，高阶地及中阶地的高程差异。晚更新世的构造活动基本上奠定了青藏高原北缘及阿尔金断裂带的全貌（柏美祥等，1992 年）。鲜水河——小江断裂带，在中更新世到晚更新世早期是以强烈的差异运动为特征的，而晚更新世以来（距今约 15 万～10 万年），构造应力场出现了一次大的变化，断裂表现出左旋走滑为主的特点（李玶，1993 年）。华北地区在第四纪期间构造活动的表现形式及强度在时间和空间上是不均衡的，华北平原在晚更新世边界断裂差异性运动加大（朱照宇，1994年）。华北地块、环状构造及鄂尔多斯地块在10万年前边界

表 15　二台断裂的运动速率*

Tab. 15　Movement Rates of the Ertal Fault

时　期	距今年限	累积垂直位移		时段平均垂直位移		累积水平位移		时段平均水平位移		平均垂直位移与水平位移比例
		位移量(m)	速率(mm/年)	位移量(m)	速率(mm/年)	位移量(m)	速率(mm/年)	位移量(m)	速率(mm/年)	
1931 年	50 年	1.4		0.7		14		7		1:10
全新世	1 万年	4.0～10	1.27	6.3	1.27	33 65 95 166 205	22.8	107	21.6	1:17
晚更新世	11 万年	15～45～90	0.91	43	0.86	450 450 700 1 000 1 100 1 800 2 000	19.5	957	19.1	1:22
中更新世	69 万年	120～135	0.37	77	0.27	1 440～3 000	6.4	1249	4.3	1:16
早更新世至渐新世	2 600 万年	500～800	0.05	522	0.04	12 000～30 000	1.6	18 780	1.5	1:36
前渐新世	4 000 万年	0.23	9 350	0.31	30 000	0.7	9 000	0.3	1.1	

* 由于无准确的年代鉴定资料，断错速率取各时期年代中值计算。

构造的垂向运动为 0.1～0.2mm/年，10 万年以来迅速加大，至300 年前达到 5～20mm/年；而太行山接合带、秦岭接合带及贺兰山接合带这种运动由 10 万年前的 0.5～1.0mm/年迅速加大到300 年来的 5～20mm/年，局部地段甚至达到 50mm/年(见图 16)。易明初等(1991 年)根据燕山地区大量断裂错断中晚更新世地层的事实，提出喜马拉雅运动第三幕第Ⅲ亚幕发生在中更新世与晚更新世之间，其间构造应力场方向由 NE－SW 向转为 SN 向或

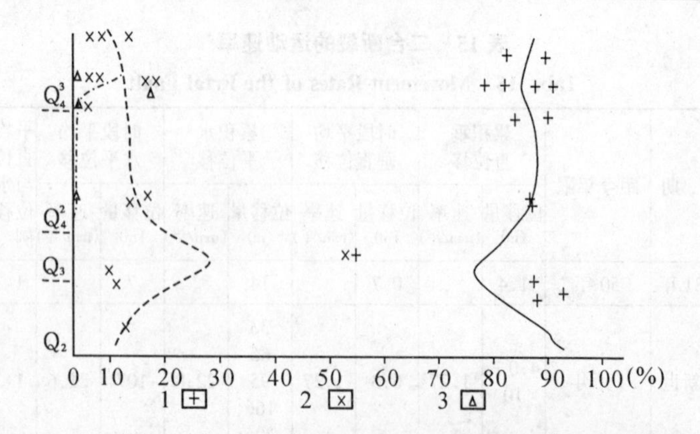

图 15　中更新世以来阿尔金活动断裂带附近孢粉组合含量变化曲线

Fig. 15　Sporopollen Composite Content Changes in the Active Altun Fault Zone for the Middle Pleistocene

1. 草本与灌木花粉；2. 乔木花粉；3. 孢子

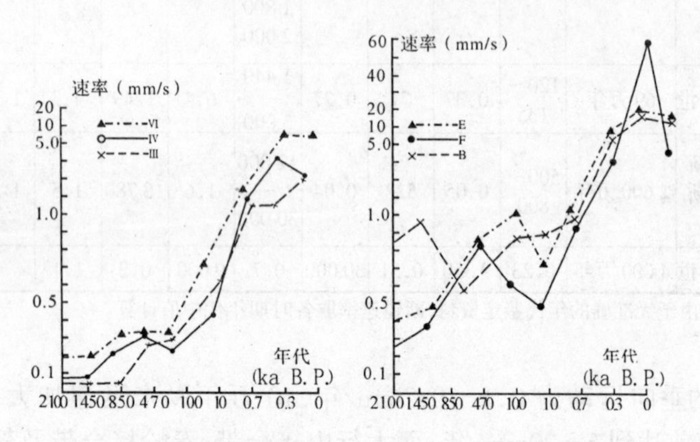

图 16　我国北方地区新构造垂向运动速率曲线

Fig. 16　The Rates of Neotectonic Vertical Movement of North China

Ⅵ—华北地块；Ⅳ—环状构造；Ⅲ—鄂尔多斯地块；

E—太行山接合带；F—秦岭接合带；B—贺兰山接合带

NEE 向。长江三峡地区规模较大的断裂有 10 余条，20 世纪 50 年代末至20世纪60年代初还发现杨麻柳树湾第四纪断层。断裂出露于二级阶地(标高90m)的晚更新世粘土层中,走向N34°W,倾向南西,倾角64°,宽1.0～14cm并充填有粘土,地表可见长度为30余m。有趣的是该断裂与基岩中的断裂(走向N20°～35°E,倾向NE,倾角70°～85°,宽5.0～30cm,以构造岩与碎裂岩为主,其间充填有粘土)一脉相通。上、下断裂断距均为50cm(西南盘下降),滑动面上都有侧滑角26°～38°的擦痕,滑线向南东倾斜(见图17)。进入晚更新世以来,三峡地区整体抬升速率加快, 河谷下切加剧,由此也推动峡区内的断裂出现不同程度的再活动 (见表16)。郯

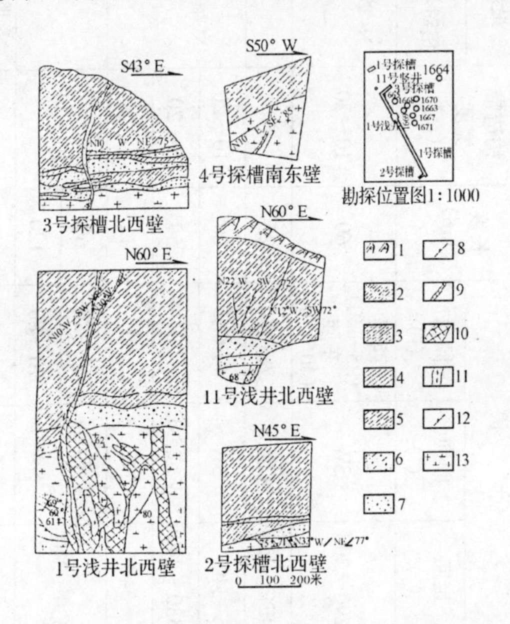

图17　杨麻柳树湾第四纪裂缝素描图

Fig. 17　Sketch of Quaternary Fault at the Yangmaliushu Wan

1. 耕植土; 2. 粘质砂土; 3. 砂质粘土; 4. 条带状粘土; 5. 粉砂质粘土; 6. 砂质粘土夹卵石; 7. 卵石夹风化岩屑; 8. 裂隙和裂缝; 9. 充填粘土的裂隙和断裂; 10. 碎裂岩; 11. 糜棱岩; 12. 擦痕明显处; 13. 黑云母石英闪长岩剧烈风化岩体

表 16 三峡地区断裂活动年代测定

Tab.16 Dating of the Active Fault in the Three - Gorges Area

断裂名称		产状			长度(km)	构造带宽度(m)	最新活动年代		现代形变速率(mm/y)	
		走向(°)	倾向(°)	倾角(°)			相对年代	年龄值(万年)	垂直	水平
天阳坪断裂		290～300	SW	西缓(25～40)东陡(40～70)	60	10～20	N_2 晚期～Q_3	23	很低	0.07
渔洋关断裂		NEE～EW	N 或 S	78～80	25	5		36		
仙女山断裂	北段	340	SW	40～65	20	10～20	N_2 晚期～Q_2	17～4.5	0.06	0.06
	中段	330～340	SW 或 NE	70	50	5～20				
	南段	340	NE	80	12					
远安断裂	东断裂通	330～340	E	60～70	60	10～30		98	0.058	
	城河断裂		SW	70～80	120			28	0.028	
九湾溪断裂		10～15	NW	70～80	30	3～5	N_2 晚期～Q_2	14～6.6	0.07	很低的拉张顺扭
建始断裂		25～35	SW	55～68	50	20～30	Q_1Q_2			

续表

断裂名称		产状 走向(°)	产状 倾向(°)	产状 倾角(°)	长度(km)	构造带宽度(m)	最新活动年代 相对年代	最新活动年代 年龄值(万年)	现代形变速率(mm/y) 垂直	现代形变速率(mm/y) 水平
恩施断裂		20～30	SE	53～74	30	15				
齐岳山断裂		20～50	SE	50～70	150	80				拉张状态兼顺扭
黔江断裂		20～45	NW	55～80	130	50	Q_1～Q_2	37		
咸丰断裂		20～40	NW	55～75	100	60	Q_2	21.4		
新华断裂		20	NW	50～80	50	100		46		
龙王冲断裂		20	NW	上陡(60～80)下缓(30～40)	30	2～15		8.8		
高桥断裂		NE45	SE	50～65	40	几十 m～几百 m	N_2 晚期～Q_2 晚期，Q_3 早期	23.8		
水田坝断裂	东断裂	NE20	NWW	65～80	40		N_2 晚～Q_2 早	20.7		
水田坝断裂	西断裂	NE20	NWW	85	10	0.8	N_2 晚～Q_2 早	9.7		

城—庐江断裂带纵贯中国东部大陆绵延2 400多km，对我国东部的构造活动、地震活动起着牵动、引发或调节控制的重大作用。沿断裂带进行的详细地震地质调查，北自吉林永吉县，南至安徽太湖，在45个剖面上发现大量晚更新世地层被错断或被老地层逆冲、逆掩现象（国家地震局地质研究所，1987年）。

3. 火山活动。中国第四纪以来的火山活动，在东部受到西太平洋火山环的影响，在西部受到阿尔卑斯——地中海——喜马拉雅火山带的控制。因此对构造运动的强度有着灵敏的响应。但是我国的火山主要分布于东部的第二沉降带的边界地区，或沉降带内次一级构造的边界地区，因此青藏高原隆起对东部地壳的推动，其变形作用是以断块下降、拗陷变形表现的，所产生的直接作用是地壳底部的拉张和上部地壳的挤压，因此浅地壳的火山通道被封闭。这必然导致火山活动在时序分布上的强度变化（见图18、图19和图20），据孙建中（1987年）的采样调查，我国第四纪火山活动自晚更新世（Q_3）以来迅速减弱。

4. 黄土分布。黄土在第四纪构造演化中起着相当重要的作用，是我国第四纪年代表制定的主要依据之一。通常划分的午城、离石、马兰三期黄土，分别形成于Q_1，Q_2，Q_3，具体年龄分别为距今250～145万年、145～10万年以及10～7万年。朱照宇、丁仲礼（1994年）对我国黄土高原形成与演化的研究认为，黄土形成的三个阶段是：

第一阶段：仅集中于高原主体部分，面积16.6万km^2，堆积速率约5.29g/cm^2·千年，时间250万～145万年B. P.。

第二阶段：分布面积迅速扩大并遍及全高原，面积36万km^2，堆积速率8.5g/cm^2·千年，时间145万～10万年B. P.。

第三阶段：分布面积更广，仅高原内部已达40.6万km^2，堆积速率高达20.7g/cm^2·千年，时间10万～1万年B. P.。

第三阶段与第二阶段相比，年堆积厚度是其3倍，年堆积量是其3倍，堆积速率是其2.5倍。可见Q_3以来是黄土快速堆积

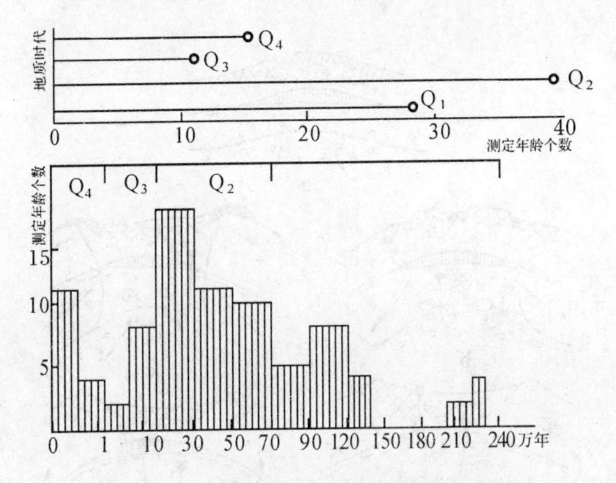

图 18　中国第四纪火山活动年龄分布图

Fig. 18　Distributing Graph of Quaternary Active Volcanic Dating in China

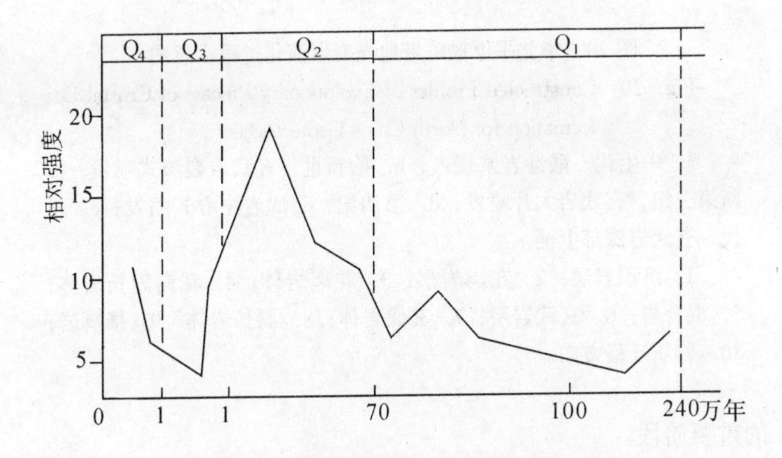

图 19　中国第四纪火山活动强度分布图

Fig. 19　Distribution of Quaternary Active Volcanic Intensity in China

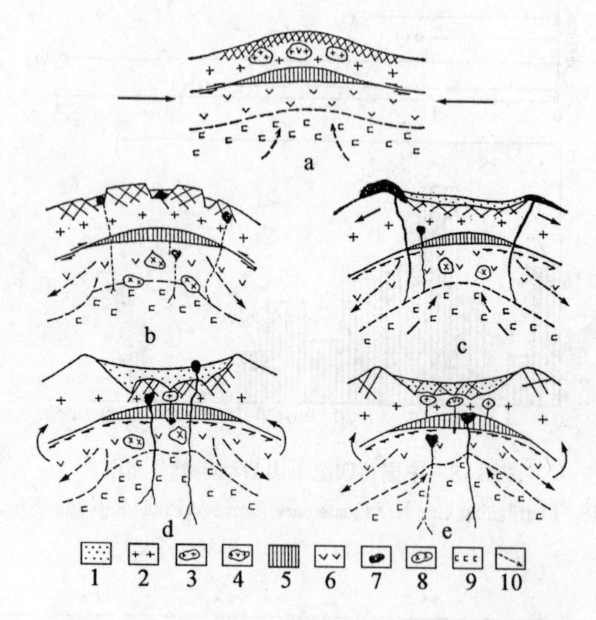

图 20 华北平原拗陷带地壳变形演化过程示意图

Fig. 20 Constructed Profiles of Evolutionary Process of Crustal Deformation for North China Geotectogene

a. 中生代，酸性岩浆侵入；b. 始新世，玄武岩裂隙式喷发；c. 新第三纪，玄武岩大片喷发；d. 第四纪，玄武岩中心式喷发；e. 现代，玄武岩深部上涌。

1. 沉积岩层；2. 花岗岩层；3. 花岗岩体；4. 花岗闪长岩体；5. 混合岩；6. 玄武岩层；7. 玄武岩体；8. 斜长岩体；9. 榴辉岩；10. 物质迁移方向。

的重要阶段。

5. 渤海湾形成。渤海海湾以其奇特的内海海湾地貌称著于世。周万源（1986 年）根据南排河（渔供 3）钻孔资料，进行了微体古生物鉴定，岩性的划分对比，孢粉分析，碳同位素年龄测量和古地磁测量。结论表明，渤海首先形成于距今10.2万～7万年间（大理/庐山间冰期）的沧州海侵。次后又有两次海进与海退，分别距今7万～3.9万年和2.3万～1万年。

第三节　小　结

构造活动的时间鉴别通常在很大程度上依赖于经验的积累和直观判断。能动构造的法规依据时间标度有0.5万年，1万年，3.5万年，5万年和50万年，我国NNSA 1994年颁布的HAF0101中要求按约10万年标定。这些明确的时间要求，各国提出的依据不尽相同。如日本提出的是1万年和5万年，5万年是根据武藏野垆姆累积层（火山灰）的分布年龄决定的。新西兰提出的是0.5万年，5万年，50万年，其5万年主要依据第四纪最后一次冰期来临的时间。美国NRC提出的是3.5万年和50万年，主要依据^{14}C测年精度的上限和K－Ar法测年的下限。作者在1993年提出的“晚更新世（距今约10万年）以来”，NNSA的HAF0101（1994年）规定的“晚更新世Q_3（约10万年）以来”，更多考虑到的是中国地震地质的基本特征和条件。但是“基本特征和条件”是什么，在当时还只能是一种朦胧的意识。严格来说，以火山灰的分布，以第四纪最后一次冰期的来临，以绝对年龄测定法的精度，去判断构造的能动性，并不是一种直接的依据或贴切的方法，它是直接建立在“它们必然有关联”的假设基础上的。通过对北美和其他地区文献资料的调查，发现海滨线和海平面变化都有12万～10万年的周期性波动，而12万年的海滨线有许多被构造位移错动的事件，作者对此的兴趣在于12万～10万年时间尺度构造响应的全球性。

我国新构造期以来的地壳运动取决于喜马拉雅运动的影响。晚更新世以来青藏高原的强烈抬升，推动我国地壳运动进入了一个新的构造期。加速现代地貌进入了成熟期，长江、黄河相继贯通东流；断裂活动格局发生改变，大规模断裂带相继进入活跃期，边界性构造差异运动速率加大；随着地壳的推挤和递进，火山通道的封闭，火山活动进入低潮；广泛分布的马兰黄土的年堆积厚度、年堆积量与离石黄土堆积期相比提高到3倍，是黄土快速堆积的重要历史阶段；渤海湾开始形成。这些具体的构造运动特征，奠定了评价构造能动性的主要基础材料。

第五章　能动构造评价的概率性方法

第一节　能动构造的两种评价方法

20世纪50年代起，核能的和平利用从科学家们的实验室走向现实生活。能源工程师们曾预言“核能产生的电力将便宜得不用表量”。20世纪60年代在美国是一个被史学家们称为“核能一窝蜂市场”的年代，核能建设出现前所未有的高潮。与此同时，人们迅速发现核反应堆厂址的选择是核安全保障必不可少的一环。

1963年，美国太平洋电气公司（Pacific Gas and Electric Company）开始在美国加利福尼亚州北部的Bodega海湾建立一个核反应堆。由于当时人们还没有足够的心理准备，也不具备厂址安全性评价的地学知识，初期厂址正坐落在圣安德列斯大断裂带上。当人们意识到断层可能带来的潜在威胁时，只好重新校核厂址，并把场地往西移了几公里。出人意料的是，这次在反应堆基座开挖时，竟直接挖出了断层！问题再明白不过地摆在了地质学、地震学和地球物理学家面前：1906年发生过旧金山大地震的大断裂带是否会在这里重演？如果重演，断层是否会错开反应堆导致严重的失水事故、堆芯熔化和裂变物质的溢出？

以上问题，不仅当时的科学家们难以回答，即使在今天也是一个科学前沿问题。反应堆厂址虽然西移，但距圣安德列斯主断裂线仍只有300米，主断裂、分支断裂和次级断裂对反应堆的影响肯定是存在的。在经过 7 年之久的激烈争论之后，1969 年终于取消了 Bodega 计划。计划虽然取消了，但问题仍然存在，那就是关于断层的潜在危险性，我们究竟认识到多少。断层的活动史需要从大的地学背景中来认识它，它的时间范围至少要以构造信息包括的最低时限为依据。但无论如何都是根据“过去”而推测“未来”。从两分法的角度看，即断层在历史上要么运动（产生大地震），要么平静（没有任何破坏能力），这是一种确定性的思想。实践证明，断层的运动与地震的预测都是一种概率性的事件，只是可能性有多大的问题。

第二节　能动构造评价的概率性思路

在核电站厂址区 5km 半径范围，一旦遇上能动断层（长度几百 m），厂址便被确定为不可接受。因此，我国东部的大片地区中适宜建造核电站的厂址就不多，往往是经过长期的准备工作之后厂址宣布被废弃，这是令人十分痛心的。

能动断层的概率性评价，即把地震产生的地表或近地表的破裂作为概率事件来处理。由于一座商用核动力反应堆，它的在役寿命只有 40 年，40 年之后有关核岛设施已经老化。而在这 40 年中，厂区内一条断层发生地表或近地表地震破裂的概率性实际上是比较小的，即便是在强震多发区也不能肯定会发生。如果我们可以用数学的方法表征出可能性的大小，对于设计者来说，无疑是提供了一条多向选择的途径。

断层的突然破裂过程是伴随地震而产生的，是地震破坏最直接的一种形式，这为我们分析问题提供了一个突破口。当预计地震震级超过某一界限时，即可认为它具有产生地表断层破裂的能力。根据统计资料可以知道，我国 4 级以上的地震具有这种可能性，国际通用的保守做法是取 3 级。因此，地表断层破裂问题的实质与发生某一震级以上地震的可能性有其等效关系，或者说能动断层的概率实际上应归结为断层地震危险概率，其不同之处在于震级区间的选取，如下限震级的确定。

假定断层产生地表错动的概率为 P，则地表错动量（D）超过起始值（d）的概率，应等价于震级（M）超过起算震级（m）的概率，即：

$$P\ [D>d]\ =P\ [M>m]$$

由 Gutenberg－Richter 公式：

$$\lg n\ (m)\ =A-BM$$

可求出未来工程感兴趣的时间范围内，断层上发生超过震级 m_1 的次数：

$$\int_{m_1}^{m} n\ (m)\ \mathrm{d}m=\int_{m_1}^{m} \mathrm{e}^{\alpha-\beta m}\mathrm{d}m$$

$$=\frac{\mathrm{e}^{\alpha}}{\beta}\ (\mathrm{e}^{-\beta m_1}-\mathrm{e}^{-\beta m})$$

同理，发生大于 m_0 的全部地震次数：

$$\int_{m_0}^{m} n\ (m)\ \mathrm{d}m=\int_{m_0}^{m} \mathrm{e}^{\alpha-\beta m}\mathrm{d}m$$

$$=\frac{\mathrm{e}^{\alpha}}{\beta}\ (\mathrm{e}^{-\beta m_0}-\mathrm{e}^{-\beta m})$$

由上述两项公式，我们可以求出超越震级的发生概率：

$$P\ [M>m]\ =\frac{\int_{m_1}^{m} n(m)\mathrm{d}m}{\int_{m_0}^{m} n(m)\mathrm{d}m}$$

$$=\frac{\mathrm{e}^{-\beta m_1}-\mathrm{e}^{-\beta m}}{\mathrm{e}^{-\beta m_0}-\mathrm{e}^{-\beta m}}$$

按照这种思路可以进一步求出地面超越破裂的概率公式。当断层错断事件的累积分布函数为 F_D（d）时，它的超越概率为：

$$P\ (D>d)\ =1-F_D\ (d)$$

$$=\frac{\mathrm{e}^{\beta b/\alpha}\cdot d^{-(\beta/\alpha)}-\mathrm{e}^{-\beta m}}{\mathrm{e}^{-\beta m}-\mathrm{e}^{-\beta m}}$$

对上式微分而求得概率密度函数 $f_D(d)$：

$$f_D(d)=\frac{\beta}{\alpha}\cdot e^{\beta b/\alpha}\cdot d^{-(\beta/\alpha+1)}\cdot(e^{-\beta m_0}-e^{-\beta m})^{-1}$$

现假定震中位于断层线中一点，破裂自震中沿先存断层向两端扩展，扩展距离为 X，且断层长度大于破裂长度，即 $l>X$

$$P[S|X=S]=\frac{x}{l}$$

S 代表在断层上特定场点破裂的发生事件，显然 X 是与 M 有关的随机变量。X 与 M 的统计经验关系式很多，大多为单对数线性关系式，根据 Kanamori 和 Anderson 的研究，面波震级 Ms 正比于 $\ln X^2$，可表述为：

$$\ln X^2=KM$$

容易得出解：

$$X=C_1 d^{c_2}$$

其中

$$C_1=e^{-kb/2\alpha},\qquad C_2=(k/\alpha)^{1/2}$$

通过上面的公式准备，最终场地断层的超越破裂概率可表述为：

$$P[D>d]=\int_{d_1}^{d}P[S|X=x(d)]\ f_D(d)\ d(d)$$

$$=\frac{c_1\beta e^{Bb/\alpha}}{l\alpha}(e^{-\beta m_0}-e^{-\beta m})^{-1}\left(d^{c_2-\frac{\beta}{\alpha}}-d_1^{c_2-\frac{\beta}{\alpha}}\right)$$

当断层单位长度上震级大于 m_0 的地震年平均发生率 ν 值为已知时，超越错动的年发生率为：

$$\lambda_d=2l\nu P_d$$

$$=\frac{2c_1\beta\nu\exp(\beta b/\alpha)}{\alpha}(e^{-\beta m_0}-e^{-\beta m})^{-1}\left(d^{c_2-\frac{\beta}{\alpha}}-d_1^{c_2-\frac{\beta}{\alpha}}\right)$$

断层超越错动的重复周期为：

$$T_d=1/\lambda_d$$

第三节　能动构造概率方法的讨论

能动断层概率模型的建立，提出了一个新的思路。但是，该模型强烈地依赖于对断层的研究深度和地震资料的掌握程度。对断层的几何结构、延伸变化以及运动性质，了解得越透彻，断层的破裂模型计算结果就会越贴近现实；统计资料需求的地震数据越多，其预测的概率结果也就愈真实。一般来说，一条规模较大的断裂带，而且地震活动的频率又满足于统计样本要求的精度，预测断层产生地表或近地表破裂的超越概率、年发生率及重复性周期，就比较现实。这种要求显然比较苛刻，为一般断层研究深度所不能达到。但我们已经看到了两者之间架设桥梁的必然途径，需要的只是努力和时间。

第六章　能动构造评价实例

第一节　东岗断层的能动性问题

东北地区是我国的重工业基地，为解决这个地区的能源矛盾，优先发展核电成为重要的战略选择。对辽南核电站厂址的预选最初起始于 1978 年，到 1992 年前后共计历经 14 年。1984 年 10 月，国家地震局东北地震监测研究中心对厂址区断裂的活动性进行了专题研究，对复县温坨子厂址的主要断裂进行了调查。其中对东岗断层的评价引起了人们的关注，当时发现的断层活动证据有三条，即(1)断层错开了中更新统的砂砾石层；(2)断层的线性地貌现象突出；(3)断层泥的热释光测龄为$(283 \pm 13.5) \times 10^3$年，证明在第四纪($Q_2$)有过一次活动。问题的关键在于东岗断层是不是能动断层，因为这决定整个厂址的可接受性。

辽南核电站温坨子厂址位于辽东半岛，西临辽东湾，地势平坦，交通便利，水源充沛（见图 20，图 21，图 22，图 23)。东岗断层在厂址以南约 4km 处通过，在赫屯处向西延伸入海。据最新海域地球物理调查证实，该断层西延入海 5km 后其构造形迹消失（辽宁地震局，1991 年)。该断层自赫屯向东经东岗、小程屯、东岗乡、西达营、东大营、柏岚子、刘屯、付屯，在尉屯以北折向北北西，终止于大毛岚子与匡家屯之间（见图 22)。断层总体走向近东西，倾向南，倾角 50°～87°。断层分布长度包括陆域和海域共计 18km。

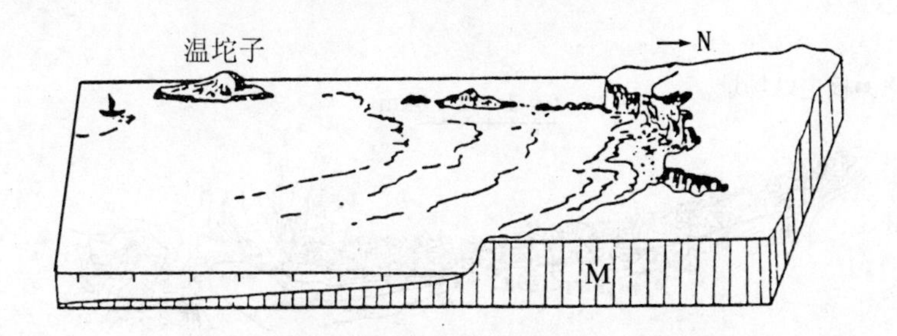

图 21　辽南核电站温坨子厂址地貌
M：早太古界混合岩
Fig.21　Landforms of the Wentuozi Site of the Nuclear Power Plant in the Southern Liaoning

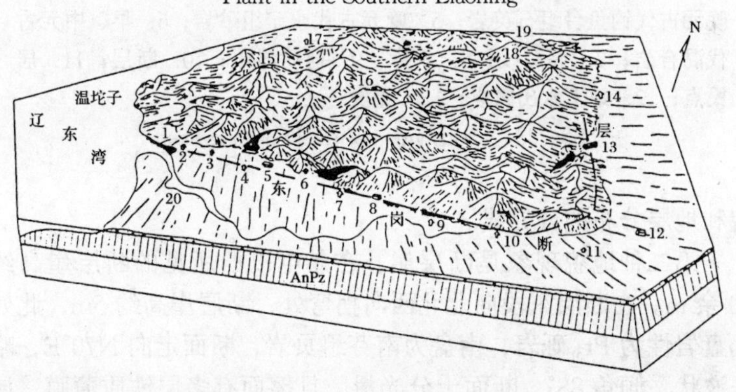

图 22　东岗断层综合构造块状图
1. 远海社；2. 赫屯；3. 东岗；4. 小程屯；5. 东岗乡；6. 西达营；7. 东大营；8. 柏岚子；9. 刘屯；10. 付屯；11. 尉屯；12. 曹家屯；13. 大毛岚子；14. 匡家屯；15. 城儿山；16. 平山；17. 东身房；18. 大顶山；19. 二都子山；20. 鸿崖河
Fig.22　Sketch of Comprehensive Structures of the Donggang Fault

东岗断层有着十分醒目的活动性构造地貌标志。断层北盘是由晚元古代的页岩、石英岩和砂砾岩组成的低山丘陵剥蚀区；南盘为滨海冲洪积平原区。地貌反差对比明显，鸿崖河流向变化也与断层的活动有一定的关系。同时，东岗断层的走向线已形成地

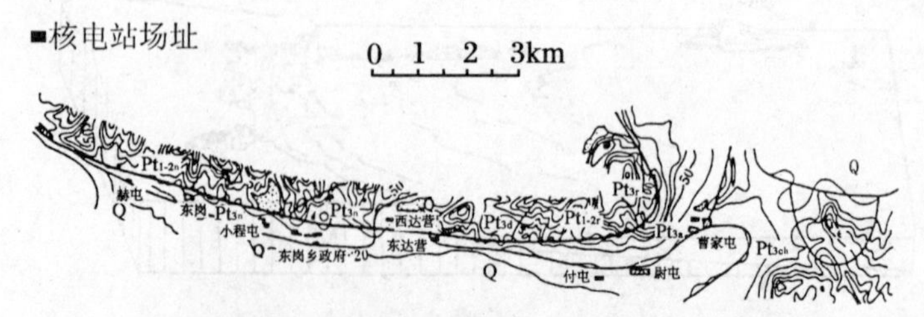

图 23　东岗断层展布图（据国家地震局地质研究所，1990）

1. 第四系；2. 晚元古代长岭组；3. 晚元古代南芬组页岩；4. 晚元古代钓鱼台组石英岩；5. 晚元古代永宁组砂岩；6. 早、中元古代混合岩；7. 等高线；8. 水库；9. 地质界限；10. 断层；11. 居民点；12. 地下水出露点；13. 陡坎

Fig. 23　Distribution of the Donggang Fault

貌和地层分布的分界线。

第二种地貌现象是断层崖。在赫屯以西所见的断层崖高约 10 余 m。在断层东段向北北西向拐弯处，断层崖高约 5m，此处北盘岩性为 Pt_{3r}砾岩，南盘为南芬组页岩，断面走向 N70°E，略呈波状，倾角 88°，断面十分光滑，且擦面有多层铁质薄膜，局部厚达 3～5cm，滑面侧擦角 75°（见图 24）。

横切断层的冲沟与溪流都有明显的变化。一般来说，断层处小溪的比降加大，有些形成跌水，溪底明显变宽，呈喇叭口状散开，整个断层线宛如一条镶嵌的花边。

此外，沿断层带地下水富集，植被生长繁茂，与断层两侧的岭秃草枯的现象形成鲜明的对照。这种“绿色条带”现象，显然是受到构造活动的影响，沿断层带岩石高度破碎，因而地下水在此富集，而另一侧为页岩，页岩为不透水层，地下水被页岩所阻，是以断层线有泉眼、沼泽、池塘、水库等成串分布。沿断层带的土层，因常有水的浸润，植物繁茂，是以沿着断层带形成一

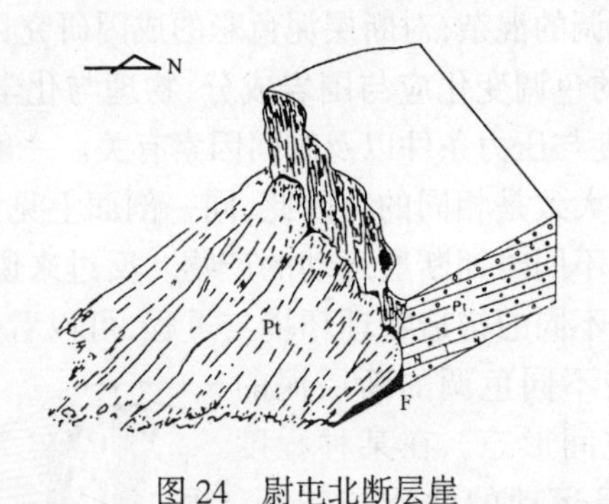

图 24 尉屯北断层崖

Fig. 24 Fault Scarp in the North of Weitun

片一片的黑土带。地下水沿着断层带富集，是断层新活动的标志。泥炭层的沿带分布乃是断层新活动的一个间接标志。

1990 年作者曾对东岗断层进行过实地考察，根据自然露头剖面和探槽剖面的观察，断层具有丰富的新构造运动的特点。首先，整个断层带宽度变化很大，宽者达 40m，窄者仅 2～5m（见图 25），破碎带中断层泥比较发育。

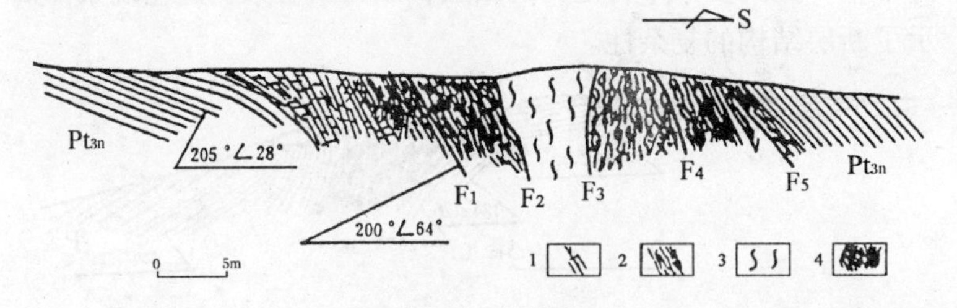

图 25 付屯北剖面

1. 浅黄色碎裂岩；2. 紫红色片状岩；3. 浅灰色断层泥；4. 杂色断层泥

Fig. 25 Section in the North of Futun

断裂带中的断层泥色彩斑斓，有紫红色、浅灰色、灰绿色、淡黄色以及各种色调的混杂,对断层泥色彩的成因研究目前尚少,但可推测,断层泥的色调变化应与围岩成分,物理与化学环境,断层运动的速度、温度与压力条件以及时间因素有关。一般而言,地表或近地表的条件大致是相同的。因此,同一剖面上见到的各种色调的断层泥应属不同时期断层运动的产物。反过来说,不同色调的断层泥代表了不同的构造物理环境与过程,可以看做是断层的多期活动。这些不同色调的断层泥的接触关系和空间形态,在某种程度上代表着断层运动的性质与特征。如假小子 1 号剖面(见图 26)和东大营以西的开挖剖面,灰绿色的断层泥成为紫红色断层泥之中的包体,两种断层泥的接触界线清晰,包体的形态预示着断层后期的挤压运动过程。

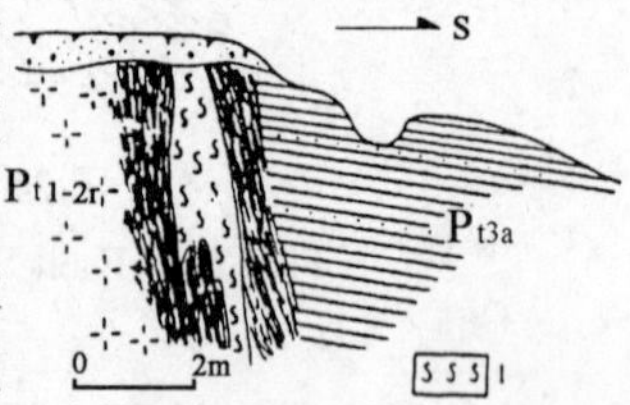

图 26 假小子 1 号剖面
1. 灰绿色断层泥
Fig . 26 No. 1 Section at Jiaxiaozi

断层的特点有时以主断层的形式表现,没有其他小的断层(见图 27);而有时在宽达 40m 的破碎带中可见到多条平行走向的断层,成为断层束。这些现象都揭示了断层结构的复杂性。

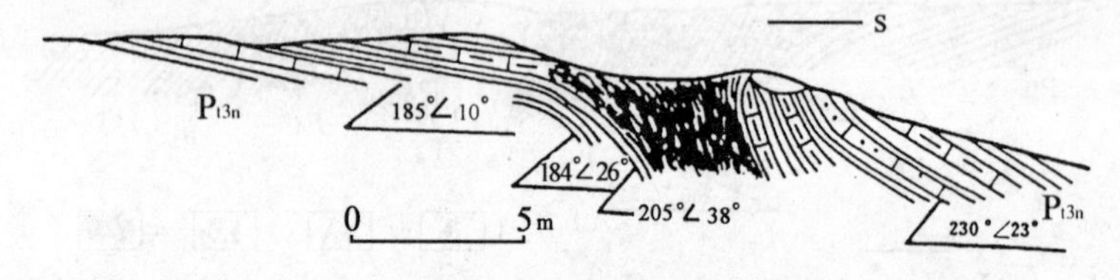

图 27 东大营东约 200m 处剖面
Fig . 27 Section About 200m East of Dongdaying

断层的最新活动证据有两点。一是在断层泥中发现有新滑动面(见图 28a),该滑动面呈缓波状,且有极薄的一层铁锰质薄膜,无指向性阶步,擦光面上的擦线近于垂直。其次,在小程屯假小子2号剖面上发现一个楔形构造呈下掉趋势，它表明中更新世以后断层曾发生过一定规模的运动，属于断层错断地表的一个直接证据（见图28b）。

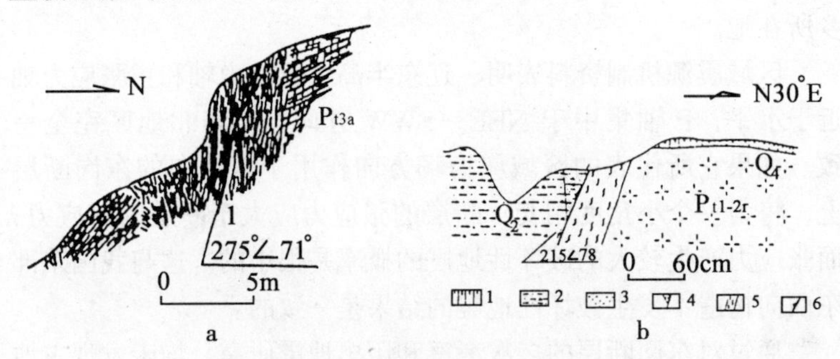

图28

a. 付屯北自然露头点；b. 小程屯（Dr－08）假小子2号剖面（国家地震局地质所，1990）

1. 断层泥中的新滑面；2. 表土层；3. 含砾亚砂土；4. 早、中元古代混合岩；5. 构造楔；6. 断层泥；7. 断层

Fig.28　a. Natural Outcrop Points in North of Futun; b. No. 2 Section at Jiaxiaozi, Xiaochengtun (Dr－08)

断层活动的新年代学数据进一步支持了上述结论。根据国家地震局地质研究所1990年的测年证据证明，断层在距今约10万年前曾有过明显的活动，而在距今约5万年前发生过最后一次小规模的运动，近5万年以来断层已经平静下来（见表17）。

表17　断层破碎物测年结果表

Tab. 17　The Results of the Dating Used the Faults Breaking Mass

采样剖面	样品编号	样品物质	测年方法	年龄值(万年)
假小子1号剖面	D_{fE}－07	混合岩磨碎物	电子自旋共振	5.09～7.73
	24－4	绿色断层泥	热释光	16.96
老实人剖面	D_{fE}－01	绿色断层泥	电子自旋共振	11.76～13.13
三条狗剖面	24－2	紫红色断层泥	电子自旋共振	9.62～10.63
哑巴1号剖面	24－6	绿色断层泥	电子自旋共振	9.77～10.34

东岗断层上无任何历史地震记载。1972年以来，在厂址周围半径30km范围内记录到3级以下地震15次，20km范围内有6次，距厂址最近的一次地震（2.3级）在距厂址10km的东岗乡所在地。

区域震源机制资料表明，辽东半岛主压应力轴和主张应力轴近于水平，P轴集中于NEE－SWW方向，与华北地区完全一致。如果它所代表的区域应力场方向作用于东西向的东岗断层上，将为一个小角度相交，断层的张应力应大于断层的剪应力，而张应力产生较大的破坏性地震的概率是很小的。这与我国东部东西向构造不发生破坏性地震的结果是一致的。

通过对东岗断层的多次考察和历史地震研究，均未发现古地震遗迹和历史地震记载，近期不存在小震活动的成带性，因此东岗断层不是一条孕震断层。

我国的核安全规定（HAF系列）《核电厂厂址查勘(HAF0109)》(1989年）中作了以下约束：在高地震活动区中，通常在区域分析时要否定靠近已知大的能动断层的地区，也要否定靠近已知能动断层的可能厂址。也可采用厂址到可疑能动断层的距离作为以后筛选和选择候选厂址的一个因素。靠近已知能动断层的候选厂址应予以否定，而离能动断层有足够距离的那些厂址则通常予以优先选择。

根据上述规定，东岗断层虽属能动断层但距推荐厂址尚有近4km，且无分支断层延伸到厂址。即使未来断层发生地表或近地表的破裂，也不存在直接导致核反应堆破坏或撕裂的潜在影响。因此，从原则上来说，辽南核电站温坨子厂址是满足我国现行核安全法规最低安全要求的。

第二节 高岭—凌角石断层的能动性

广东核电站下大坑厂址位于大亚湾西海岸，厂址8km半径范围内有四条规模不大的断层。高岭—凌角石断层，西海岸断层和水头沙坑断层以北北西或北西向展布，官湖—坝岗断层走向北东东（见图 29 和图 30）。该四条断层的调查要求进行^{14}C 和孢粉的年龄测试，采样点限于基岩露头和已有的新地层剖面，不动用山地工程和其他勘探手段（国家地震局地质研究所，1981 年）。^{14}C方法主要测定 3.5 万年以来的活动年代，孢粉分析方法研究其相对年代。

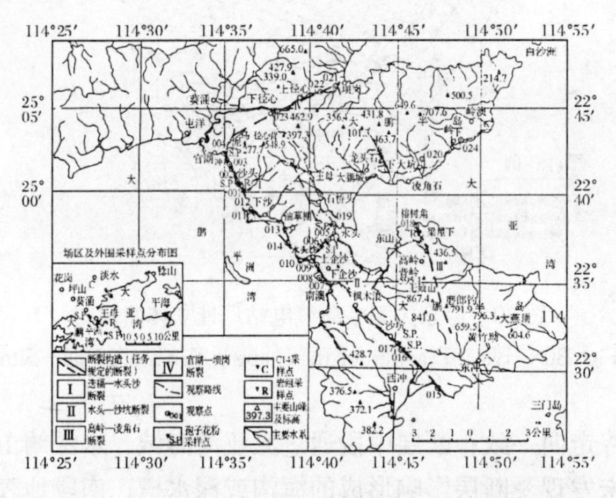

图 29　广东核电站厂区断层调查实际材料图

Fig.29　Field Survey for the Faults of Daiyawan Nuclear Power Plant，Guangdong Province

高岭—凌角石断层全长约 7km，走向 N20°W。断层共分为三段，北段凌角石—龙头石，中段凌角石—榕树角，南段榕树角—高岭。断层北段出露于燕山期花岗岩（γ_5^2）中，原推测断层沿北西向平直的河谷发育，向北延伸至坝岗以北，控制着 γ_5^2 与海西—印支期沉积建造的接触边界，但河谷未能见到直露的断层证据，河谷两侧发育了两组节理，其中一组走向N70°E,倾向北西，倾角 60°，另一组走向 N35°W，倾向南西，倾角 60°的节理

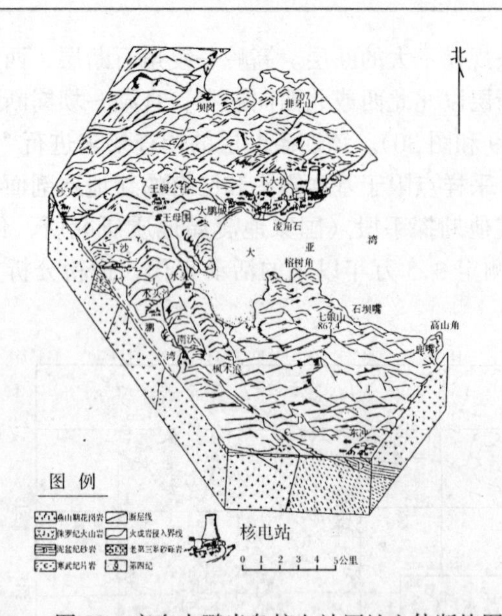

图 30 广东大鹏半岛核电站厂址立体断块图

Fig . 30 Black Diagram of the Daipeng Peninsula Npp－Site

组与河谷走向一致；断层中段通过大亚湾海域，水深约 10m，海底地形未发现受断层影响形成的海沟或深水槽；南段地表出露的地层主要为燕山晚期和晚侏罗纪火山岩，仅见有 N35°～40°W，倾向南西，倾角 68°方向的辉绿岩脉穿插其间，而岩脉壁上见有后期轻微的左旋错动。在梁屋下一带另见 N15°W，倾向南西，倾角 70°的一组节理，节理面经海蚀冲刷及重力作用形成海蚀大陡壁，在陡壁面上可见微弱的近水平向擦痕，陡壁物质镜下鉴定为蚀变白云母花岗岩，岩组分析证明不存在矿物的波状消光、压碎、拉长、定向排列现象，无后期变形作用。因此辉绿岩脉和节理面都不是断层面产物。

由于未能找到高岭—凌角石断层存在及展布的确切证据，因此不存在断层能动性的鉴别问题。其他三条断裂也都是规模较小的平移正断层（延长 7～13km），断裂带宽 20～30m，属浅层断裂（见表18）。

表18　广东深圳核电站厂区四条断裂活动性对比表

Tab. 18　Correlation of the Four Faults Activity in the Daiyawan Npp - Site Area

断层名称	方向	长度	地质地貌特征	断层活动性鉴定
迭福-水头沙断层(官湖-下沙断层或西海岸断层)	北北西	7.5km	主要发育于燕山期花岗岩中，表现为8～18m宽的破碎带及节理密集带，有糜棱岩及碎裂岩和片理化。地貌上显示北西向平直海岸。	断层为中更新统及上更新统堆积物覆盖。地质证据表明中、晚更新世(距今70～15万年)以来没有活动。
水头-沙坑断层(水头-西冲断层)	北西	8～9km	发育于燕山期花岗岩中，表现为10～20m宽的破碎带及小规模的糜棱岩和构造透镜体并有辉绿岩脉侵入。	断层为中更新统或上更新统堆积物覆盖，地质证据表明中、晚更新世(距今70～15万年)以来没有活动。
高岭-凌角石断层(梁屋下断层)	北北西	7km	发育于燕山期花岗岩中，平直河谷及新鲜陡崖发育。	主要为沿花岗岩中北西向节理面受海蚀作用发育的新鲜陡崖。
官湖-坝岗断层	北东东	7km 断续出露	断裂面及擦痕表现宽约10m的破碎带，以及断层泥、片理化透镜体等。	断层为上更新统堆积物覆盖，地质证据表明晚更新世(距今15万年)以来没有活动。

区域性构造调查还存在三个问题，一是第四纪地层情况及其划分存在疑问，在资料不够充分的情况下，很勉强的将晚更新世Q_3^2以下的地层划入早更新世或中更新世，证据显得不足；二是断层上覆盖层（中更新世——全新世）没有受到错动、扰动和滑塌的结论超出要求工作的内容和深度，如坝岗以西1km处的剖面（见图31），坝岗以西2km处的古滑动面（见图32），以及平

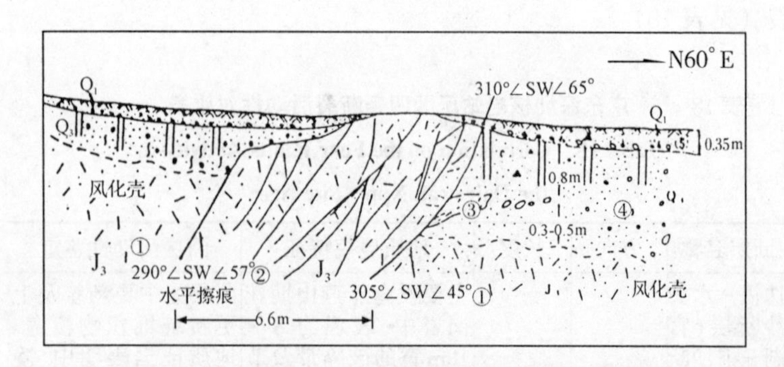

图 31 坝岗西南 1km 公路北侧 021 点断层剖面图

Fig. 31 Section of the Fault at 021 Point

①火山岩风化壳；②火山岩的剪切破碎带；③由②崩塌下落的石块；④含碎石粗粒的红黄色亚沙土层；⑤深灰色碎石砂层；▲为孢粉采样点；J_3——上侏罗纪火山岩

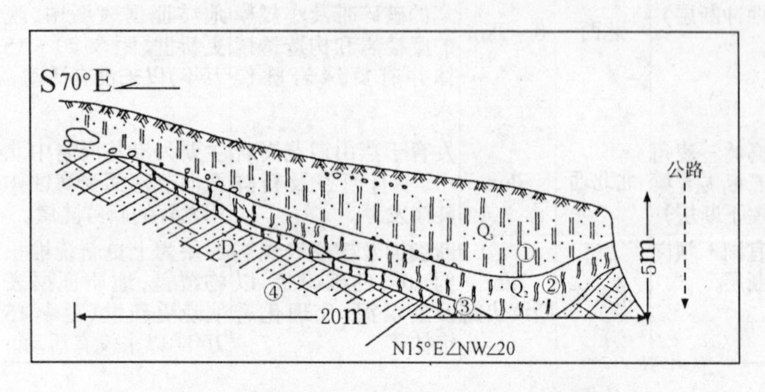

图 32 022 点坝岗西 2km 古滑动面剖面图

Fig. 32 Section of the Palaeo－Sliding Face at 022 Point

①黄色砂壤土；②红色风化壤土，含黄白色蠕虫状斑纹；③古滑动面具垂直滑动面走向的水平擦痕；④泥盆纪石英砂岩

海砖厂发现的晚更新世地层被扰动现象；其三是构造的联系性关系，如厂址断层与五华深圳断裂、海丰断裂的关系。

第三节　天津低温核供热站厂址断层的能动性评价

3.1　核供热方式的选择

能源消费水平代表了社会进步程度和国民的生活质量，决定了经济发展的速度和国家的经济实力。足够的能源需求将给经济快速、持续和稳定的发展提供支持。新千年我国能源工业发展的战略目标是：优先发展火电，积极发展水电，适当发展核电，因地制宜发展新能源。目前，我国的能源生产格局是：煤炭占71.6%，石油占21.3%，水电占4.8%，天然气占2.3%，这表明煤炭是能源工业的支柱。到2000年，我国年生产煤炭14亿t，2020年达到25亿t，而到2050年将高达50亿t。而从1949年到1990年间，我国煤炭的累积消耗仅为120亿t，可以预计，煤炭的供求关系将继续以指数方式增长。

我国能源分布极不平衡，需要南水北调、北煤南运、西电东送。燃煤产生了大量的环境问题，我国原煤含硫量平均1.7%，高含硫量达3%～4%，原煤含灰量平均达23%，每年我国因燃煤而排入大气的二氧化硫超过20×10^6t，每平方公里的烟尘负荷超过2t，是世界平均烟尘负荷量的2倍。一座百千瓦的火电站，每年可向周围环境排放75t砷，25t镉，30t铜，30t铅，0.3t水银，4.3t钍，2t铀，215t锌和0.68g镭等重金属有毒物质，严重污染着大气、土地和水源。据国家环保局的监测结果证实，我国整体环境恶化的现象并未得到有效扼制。我国北方地区，千家万户的家用煤炉和汽车尾气，使大城市终年笼罩在烟尘之中。为从根本上改善大气条件，许多北方城市和工业基地都希望建设核供热站（NDHR）。有些城市已经把建设核供热堆列入其发展计划之中。北京核工程研究所（BINE）和清华大学核能技术研究所（INET）对 NDHR 开始了研究、设计和开发，1985～1987年，设计并建造 INET 的 5MW 实验核供热堆。天津低温核供热计划便由此应运而生。

3.2 NDHR 选址的技术要求

世界上一次能源所转化的能量估计有 70%左右需要用于供热或供气。在主要的工业较发达国家，大多实行集中供热和热电联供，供生产用热和采暖用热的机组，发电量分别占 2/3 和1/3。前苏联建有热电厂 1 000 余座，莫斯科成为世界最大的集中供热系统，热网总长度达 3 000 余 km，负责 500 个工矿企业和 4 万多座建筑物供热，供热的燃料消耗要占全国锅炉燃料消耗量的40%，供热技术和工业遥遥领先于世界水平。利用核能供热是又一大技术特色。核能供热的途径分为四种：（1）利用核电站不可调节的废气（AK ЭC）；（2）建造废气余热供暖——冷凝核电站；（3）建造只生产热能的核供热站（ACT）；（4）建造专门的核热电中心（AГ ЭЦ）。建在高尔基的水——水反应堆型核供热站，第一套机组于 1987 年已开始供热，第二套机组正在建造，每套机组的热功率均为 50 万 kw。在沃罗涅什也建有两组同类型机组投入运行。天津市计委和市热力公司曾分别前往前苏联进行了考察。但核供热项目作为独立的行业并未独步于世界的能源舞台，这给我们的核能工业提供了广阔的发展空间，同时也给核供热厂的核安全监督管理和评审要求提出了新的课题。国家核安全局自 1984 年 10 月成立后，对核电站陆续发布了一系列核安全法规、守则和技术文件，提出了核安全的基本要求和建议采用的方法与程序，建立了较为完善的核安全保障体制。但鉴于核供热堆是一种新型的先进反应堆，目前国际上尚没有相关的法规、规范可作借鉴，基于核安全的特殊性要求，国家核安全局明确核供热堆选址“应在遵循我国有关核安全规定的基本原则上进行”。也就是说要严格遵循我国针对核电站而颁布的 HAF 系列安全规定和技术文件，其中主要有：

1.《中华人民共和国民用核设施安全监督管理条例》（1986年10月29日国务院发布，HAF0500）；

2.《核电厂厂址选择安全规定》（1991年7月27日国家核安全局第1号令发布，HAF0100）；

3.《核电厂厂址选择中的地震问题》（国家核安全局、国家地震局1994年4月6日批准发布，HAF0101）；

4.《核电厂的地震分析及试验》（1987年4月1日国家核安全局、国家地震局批准发布，HAF0102）；

5.《核电厂的地基安全问题》（1990年2月20日国家核安全局批准发布，HA0108）；

6.《核电厂厂址查勘》（1989年11月28日国家核安全局批准发布，HAF0109）；

7.《核电厂工程项目可行性研究地震工作内容与深度规定》（电力工业部、国家地震局、中国核工业总公司1995年8月试行颁布）；

8.《核电厂工程建设项目可行性研究内容与深度规定（试行）》（1992年3月5日能源部颁布）；

9.《"核电厂运行安全规定"应用于核供热厂运行的技术文件》（HAF J0021，1991年10月国家核安全局发布）；

10.《核供热厂安全分析报告的标准格式和内容》（HAF J0019，1991年10月国家核安全局发布）。

上述法规和文件，对低温核供热堆选址具有等同强制性。严格按照法规的要求开展工作，是成功选址的第一步。

3.3 天津NDHR厂址的前期工作

1989年2月，天津市建委总工办和核供热前期工作领导小组讨论了预选厂址及其筛选厂址的地质和地震条件，委托天津市地质工程勘察院对推荐厂址进行工程地质初步可行性研究，1989

年4月提交了《天津市深水池式核供热站预可行性工程地质条件研究报告》。1992年6月10日召开“天津市低温核供热工程预可行性研究专家论证会”，会议要求以厂址附近（指5km半径范围内）是否存在能动断层开展调查。1992年5月，天津市地质工程勘察院再次提交《天津市深水池式核供热站预可行性工程地质条件研究报告》（地质、地震条件补充报告）。同年12月19日，天津市地质工程勘察院与业主天津市热力公司签订了《天津市低温核供热站工程选址第一期浅层地震勘察合同书》，要求“查明天津西断裂、天津断裂的年龄”。为此，天津市地质工程勘察院布置一条北西—南东方向的浅层地震剖面，剖面与上述两条断裂垂直相交。剖面长度为11km，西起R=5km半径西端点，向东终止在11km处。道距5m，深度要与深部地震剖面相连接。1993年10月24～25日，举行“天津市核供热站址区断裂浅层地震勘察成果评审会”，由天津市地矿局确认的审查意见有两点：

1. 查明了天津西断裂在站址区的展布及上断点，剖面表明未延伸至第四系；

2. 结合石油地震资料，确认天津断裂未延伸至第三系、第四系地层。

1993年3~6月，作者受天津市地质工程勘察院委托对站址地区的地震进行了校核，提交了《天津市低温核供热站站址区地震（$M\geqslant3$）参数的确定》专题报告。1994年12月由天津市地质工程勘察院委托保定地矿部水文地质工程地质技术方法研究所，针对“海河断裂西段存在的确切性、全面性及其年龄下限”进行浅震勘察，得出3条结论：

1. 排除了天津断裂的存在；

2. 确定了天津西断裂的存在，距厂址约1km，上断点为地下480m；

3. 海河断裂西段存在与否，目前尚未最后定论。

受天津市热力公司来函要求，作者于1995年5月提交《天津市低温核供热堆近场区地震与断层关系的初步分析意见》，就断层的能动性进行了分析。

3.4　NDHR 近厂区的断层分析

对天津 NDHR 厂区开展的两项工作，一是地震参数的校核，一是两次近厂区浅震勘察。现就构造问题分析如下：

3.4.1　构造分区

天津位于一组北东向隆起与凹陷相间组合的沧县隆起北端，西与翼中凹陷毗邻，东与黄骅凹陷衔接。石油地质勘察工作进一步揭示出许多次级凸进凹陷的构造细节，构造边界多以断层所限，呈现出有规律的断块特征（见图 33）。

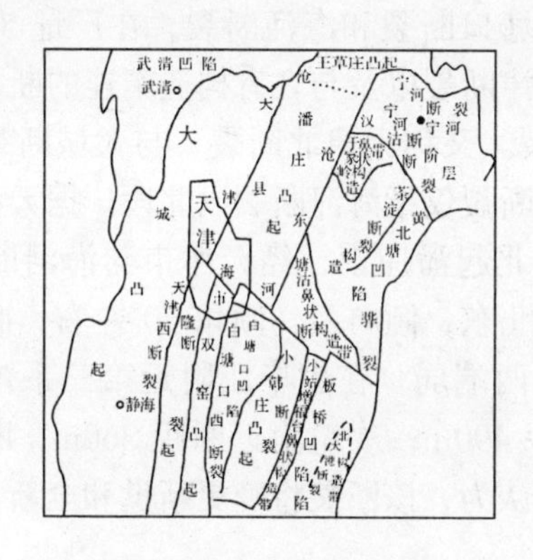

图 33　天津地区构造划分示意图

Fig. 33　Sketch of Structural Zoning in Tianjin

3.4.2　断层描述

根据 HAF0101（1）的要求，所需要的资料和调查范围分为四个层面。区域调查的范围半径一般取 150km 或更大，代表性的资料标注在 1∶1 000 000 比例尺的地图上；近区域范围调查半径取 25km，调查成图比例尺不小于 1∶100 000，近区域的发震构造研究比例尺不低于1∶50 000；厂址附近范围，调查半径5km，要求比例尺不小于1∶25 000，测距不大于250m，以保证不遗漏300m长的地质体；厂址地区要求范围为1km^{2}或更大，比例尺不小于1∶1 000，调查的主要目的是增加有关潜在永久性地面变形的详细了解，并提供地基材料的土工特性。

四种调查范围以不同比例尺图件控制不同范围内的调查精度，只要求证据清楚，事实可靠。当然，在推荐厂址阶段，工作应该有粗有细、有深有浅、有近有远、有急有缓，否则就会轻重不分、劳而无功。不同范围内对断层调查的精度、断层的运动性质、断层的孕震能力各有所不同，作者拟就厂址初选阶段几条主要近厂区断层进行一些分析。在半径25km范围内有天津断裂、天津西断裂、白塘口断裂和海河断裂，在厂址5km半径内涉及天津西断裂、天津断裂以及与之有构造牵连的断裂。

1）天津断裂。又称天津北断裂，与大城断裂“入”字型相交，本书中天津断裂仅指海河断裂以北段。据天津地质工程勘察院资料，本断裂北起潘庄镇，经天津市与海河断裂西段垂直相交，断裂走向北北东，倾向西，倾角70°左右，断裂全长44km。断裂活动中段强两端弱，在大毕庄附近第三系馆陶组地层断错210m，断点埋深490m；欢坨附近断距360m，断点埋深800m。天津地震局调查认为，该断裂将晚更新世和全新世海相地层错断达16.45m。

2）天津西断裂。属天津断裂跨海河断裂之南延。断裂走向北北东，倾向西，倾角60°～70°，全长超过40km。

3）天津断裂南段。指天津断裂跨海河断裂后南延部分的另一条断裂，与天津西断裂平行，产状与天津西断裂相同。

4）白塘口断裂。又称白塘口西断裂和天津断裂。断裂沿双窑凸起与白塘口凹陷之间密集的重力等值线近南北向延伸，断裂全长28km。人工地震资料表明，中新统馆陶组断距100～200m，以下古生界顶面落差近1 000m，断点埋深360～800m。

5）海河断裂。1970 年原石油部六四六厂人工地震，确定海河断裂在葛沽以东的存在，白塘口凹陷北侧的人工地震资料中有断点存在，并与葛沽以东的断裂连为一体，使海河断裂西延至天津断裂。天津市区沿海河断裂的水上公园及儿童影院附近发生过两次有感地震，唐山地震时海河两侧喷沙冒水地面开裂，长 40 余 km，宽 3～4km，远离海河震害迅速减弱。

6）大城断裂。控制着里坦凹陷之西界，凹陷南深北浅延伸至天津市区，新生代沉积超过 3 400m。断裂走向北北东，全长 90 余 km，断距 70～350m，上断点埋深 250～900m，第四系海相地层错开 13～14m。与紧邻之沧县隆起反差强烈，沿断裂地震活动频繁。

以上 6 条断裂多分布于隆起与凹陷边界，规模大，断距大，断点浅，错断部分第四系地层，部分伴随着基性岩浆活动，历史和现今地震沿断裂活动，唐山地震时天津市区遭遇过高烈度破坏(见图 34)。

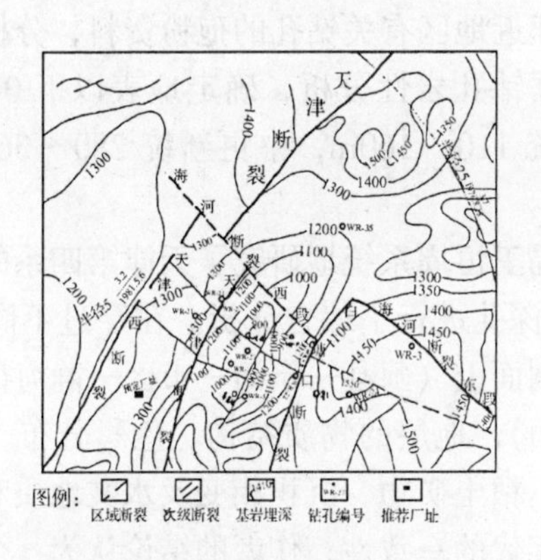

图 34　近厂区断裂及新生代地层分布

Fig. 34　Distributions of the Faults and the Cenozoic Strata Near Site Area

3.5 天津第四系地层的分层

天津位于华北平原东部，新生代地层分布超过1 000m，全部断层遗迹均掩埋于第四系地层之下，要判断断层的最近一次运动年代，就必须借助于科学客观的地层划分。作者转引用了华北地质科学研究所的资料，如天津断裂大毕庄断点埋深490m，白塘口断裂断点埋深360m，大城断裂断点埋深250m；天津地质工程勘察院委托保定研究所于1994年和1995年两次24道地震仪的浅震工作，排除海河断裂以北的天津断裂的存在，而证实了近厂区的天津西断裂存在，该断裂距厂址1 000m，上断点480m。上断点490m、360m、250m和480m处的地层年代，代表了天津断层最近一次运动的年代。

天津地质所陈茅南对津西1号钻孔（位于津西杨柳青镇，钻井深度592.94m，未揭穿早更新统）岩心中的有孔虫、介形虫微体古生物组合鉴定，确定第四纪以来曾发生八次海进事件；根据津西1号孔和邻近地区有关钻孔的孢粉资料，分析了冰期和间冰期的划分；根据钻孔岩性分析，确定地表以下0～19.22m为全新统，上更新统110～160m，中更新统280～360m，早更新统530～620m。

天津地质局王恒周系统地研究了天津第四系的分层，对市区及郊区40多个深孔进行了综合分析。在穿过不同构造单元的两条相互垂直的剖面上（蓟县—宁河—市区—静海剖面，杨柳青—市区—大港剖面），地层的物质结构、色彩分布、视电阻率、古生物、重矿物、粘土矿物、沉积相变及水文地质和工程地质特征均显示出不同年代的一致性，作者的结论认为：全新统底层深度8～20m（30m），上更新统110～160m（或180m），中更新统380m，下更新统530m（或630m）。这一结论与陈茅南的结论完全一致。

3.6 场址区地震活动及 $M \geqslant 3$ 地震的校核

地震是断层运动的结果,是评价断层能动性的主要证据。根据计算机检索:场址区(东经 116°50′~117°30′,北纬 38°50′~39°20′,略大于厂址半径 25km 范围)历史地震 1 次(1815 年 8 月 6 日,北纬 39°00′,东经 117°30′,$M=5.0$),仪器地震(1966 年 4 月 25 日~1990 年 5 月 20 日)$2.0 \leqslant M \leqslant 5.0$ 的地震共计 94 次,其中 $4.0 \leqslant M \leqslant 5.0$ 级 9 次,$3.0 \leqslant M \leqslant 5.0$ 级 20 次,$2.5 \leqslant M \leqslant 5.0$ 级 36 次;在厂址 25km 半径范围内 2.0~2.4 级地震 17 次,2.5~2.9 级地震 7 次,3.0 级以上地震 6 次。后 6 个 3.0 级地震因位于厂址区,与已知区域断层有无关系至关重要,为此作者对武清、青光、静海、徐庄子和塘沽 5 个地震台进行了调查,收集到原始地震仪器的记录图纸,对 6 次地震的震级、震中位置、震源深度和精度,采用计算机优化处理、自动选择,得出结论绘出表 19。

表 19 6 次地震参数校核结果

Tab. 19 Correction results of six macro earth quakes ($M \geqslant 3$) Parameters

地震日期(年、月、日)	发震时间(时、分、秒)	震中位置		震级(M)	震源深度(km)	精度
		北纬	东经			
1969.2.16	12-13-39.2	39°07′ (39°07′)	117°12′ (117°12′)	3.4 (3.4)		Ⅱ
1976.8.3	01-06-02.0	39°00′ (39°00′)	117°23′ (117°23′)	4.1 (4.1)		Ⅱ
1976.8.18	01-33-53	39°10′ (39°10′)	117°20′ (117°20′)	4.7* (4.2)		Ⅱ
1977.5.11	12-33-29.3	39°00′ (39°00′)	116°54′ (116°54′)	3.7* (3.4)		Ⅱ
1978.5.9	13-51-23	38°57′ (38°57′)	116°54′ (116°54′)	3.9 (3.9)		Ⅱ
1981.1.6	00-28-01.1	39°15′ (39°08′)	117°06′ (117°08′)	3.6* (3.8)	3	Ⅰ

注:( )中读数系校核前的数据。

* 校核后参数有改变的三次地震

另根据有关专题研究报告还发现4次地震，它们是：

1960年7月9日　北纬39°03′　东经117°09′　4.5级地震

1962年1月24日　北纬39°09′　东经116°57′　3.6级地震

1964年3月3日　北纬39°06′　东经117°10′　3.0级地震

1974年3月24日　北纬39°05′　东经117°00′　3.3级地震

因无法查到原始记录图（估计是单台远程资料），没有重新校核。根据地震资料显示，本区是高活动区且与区域构造关系密切。

3.7　结论与讨论

开发和利用核能是21世纪我国能源建设的支柱性政策，低温核技术作为高新技术走向市场，对改善我国北方地区的大气环境有着重要意义。天津NDHR选址的经验表明，对于特殊工程的可行性研究还有许多工作要做。本节的研究认为（图35）：

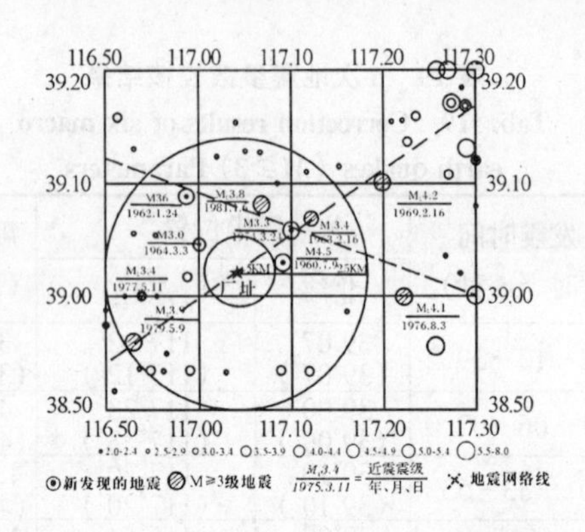

图35　天津低温核供热堆厂址区地震分布

Fig. 35　Distribution of Earthquakes Near NDHR Site Area

1. NDHR厂址评价要严格遵守相关的核安全法规和规定，其前提是要认真系统地研究法规，准确地按规定要求执行。

2. 对承担任务的单位部门和个人应有准入资质核准，以保证工作的深度和范围的可信度。

3. 天津 NDHR 潘楼厂址区第四系地层确定，全新统为地下 0～20m（或 30m），上更新统 110～160m（或 180m），中更新统 280～380m，下更新统 530～630m。已有石油地震勘察和浅震工作表明，天津断裂大毕庄上断点 490m，欢坨附近上断点 800m，错开第三系馆陶组和下更新统地层；天津西断裂靠近厂址 1 000m，上断点 480m，错开了下更新统地层；白塘口断裂断点埋深 360m，错开了中更新统地层；海河断裂有断点存在，资料不详；大城断裂上断点埋深 250～900m，错开了中更新统地层。地层资料证实，厂址区的 6 条断层属第四纪活动断裂，错开了下更新统和中更新统地层，没有上更新统错开的资料。

4. 近厂址地区存在天津北断裂、天津西断裂、天津断裂南段，白塘口断裂、大城断裂、海河断裂及大城断裂，这些断裂组成以北北东走向的断裂系，与海河断裂、增辐台北断裂以及次级的小断裂组成的近东西向断裂交汇。

5. 地震活动资料的收集、整理和校核，表明厂址区的地震活动异常活跃，地震成串珠状分布，两条地震线交会于厂址东北方向约 10km，交会区 1960 年 7 月 9 日曾发生 4.5 级地震。两条地震线，一条 $N55^{\circ}$E 走向的地震线在厂址西北 2km 处擦肩而过，与天津西断裂于厂址西约 1km 的浅震结果相吻合；另一条地震线走向 294°，与海河断裂西延方向一致。它们反映了现今构造运动的破裂网络特征。

6. 断层能动性评价。根据 HAF0101（1）的有关规定，晚更新世 Q_3 末有断层运动的地层证据，但唐山、丰南地震时天津震害显示了明显的方向性、地区性和构造的联系性，如天津南开区西营门至塘沽间的喷沙、冒水、地裂缝密集成带，方向北西西，长 40 多 km，宽 3～4km，与海河断裂完全吻合，唐山地震后，几乎所有的调查单位结论都认为与构造有关。但这只是表面的对应关系，是构造的牵连作用、触发作用或地震波遇到活动断裂后的聚能作用，研究者不多，作者认为这与规范中的“构造联系”不能等同。另一个容易被忽视，也极易被极端化的是“约10万年”，它强调了断层年代测定的必要性，因覆盖区的原因，许多新的年代学方法没有用；本区存在的几条断裂形成共轭构造，属同期构造产物和相同的活动构造属性，有理由认为一条断层的运动能引起另一条断层的运动；沿这些断裂的地震活动证明它们属于孕震构造（Seismogenic struture）和发震构造（Causative Fault），断层交会区和地震交会点形成潜在的震源区，上限震级可达到 $M_{max}=6$ 级，烈度可能达到或超过Ⅷ度，并可能在地表或近地表发生运动。潜在震源深度将在10km左右的浅源范围。综合评定这些断裂具有能动性，且天津西断裂距厂址仅1 000m，这对NDHR的安全是有潜在影响的。

第四节　浙江三门核电站厂址的适宜性

4.1　核电是华东能源建设的最佳选择

华东沿海是我国经济发展的重心地区之一，工农业总产值及利税约占全国的1/3，而能源只占全国的0.08%。浙江预计2000年的需电量约670亿kw时，除水电和秦山核电站的发电量外，电力缺口达520亿kw时，煤电供需补充只能达到50%～70%，电力缺口仍然达到156～260亿kw时。华东地区每千瓦电可创产值7元。因此，缺电导致少创产值1 092亿～1 820亿元，减少税收455亿元。早在20世纪70年代初，周恩来总理就明确指示：“从长远看，解决上海和华东的能源和缺电问题，要靠核电。”

浙江三门湾核电厂的初步可行性研究始于1984年。1997年，华东电力设计院完成了可行性研究报告。作为三门湾扩塘山厂址选择的参与和研究者，认为扩塘山厂址是一个难得的好厂址(见图 36)。

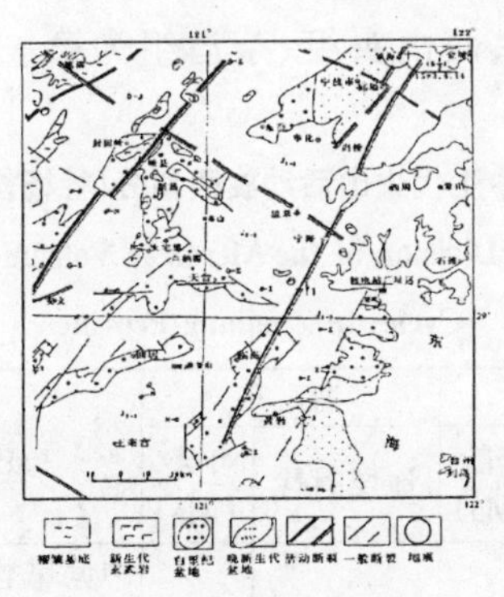

图 36　浙江三门核电厂区域地震构造图

Fig. 36　Map of Regional Seismotectonics at the Sanmen NPP - Site, Zhejiang Province

4.2　厂址区的地震构造背景

扩塘山位于三门县以东健跳镇,滨临东海,距三门县约 30km。1958 年,由科学出版社出版的《中国大地构造纲要》一书中介绍,三门核电站厂址区位于华夏台背斜的东北缘。1980 年出版的《中国大地构造及其演化》书中认为本区应属华南褶皱系中的华夏褶皱带,在中国东部喜马拉雅亚旋回运动中,以大陆边缘褶皱带及岛弧褶皱带的形成与弧后张裂盆地的发展为其显著特点。

4.2.1　中新生代火山侵入杂岩

弧后扩张的特点就是火山侵入杂岩发育。浙东南中生代火山活动带，沿北东 40°方向平行于海岸分布，火山岩或侵入岩形成流纹岩、英安岩、安山岩，或流纹岩、英安岩、安粗岩、粗面岩等钙碱系列或弱碱系列岩石组合，其形成时代为早白垩世。与同时代的火山岩年龄对比，浙西年龄早于浙东。火山活动旋回经历了由高峰期、衰退期到休眠期的全过程。杜杨松等人将其划分为两大旋回(见表20)。我们注意到,第一旋回分为两个亚旋回,其中大爽组、高坞组、西山头组、茶湾组为第一亚旋回,而九里坪

表20　浙江中生代火山活动旋回划分(杜杨松等,1989年)

Tab.20　Division of the Mesozoic Volcanic Activity Cycles in Zhejiang Province

旋回	亚旋回	浙西 地层时代	浙西 年龄(Ma)	浙东 地层时代	浙东 年龄(Ma)	主要岩性
Ⅱ		塘上组		塘上组		中偏碱性—偏碱性火山碎屑岩,熔岩,酸性—中酸性火山碎屑岩、熔岩,夹沉积岩
		朝川组		朝川组	110±	酸性—中酸性火山碎屑岩、熔岩、中性熔岩、沉积岩
		馆头组		馆头组		沉积岩,酸性—中酸性火山岩,中性—基性熔岩
Ⅰ	二	横山组	117—120	祝村组		中酸性—中性火山碎屑岩,基性熔岩,沉积岩
		寿昌组	118—124	九里坪组	116±	酸性火山碎屑岩,熔岩
	一			茶湾组		沉积岩、酸性—中酸性—中偏碱性火山碎屑岩,中性熔岩
		黄尖组	127—130	西山头组	117—122	酸性—中酸性—中偏碱性火山碎屑岩,火山碎屑沉积岩
				高坞组		酸性—中酸性火山碎屑岩,火山碎屑熔岩,火山碎屑沉积岩
		劳村组	129—136	大爽组		酸性火山碎屑岩,火山碎屑沉积岩,酸性—基性熔岩

组和祝村组为第二亚旋回，时间跨度 136～117Ma；第二旋回包括馆头组、朝川组和塘上组，时间大致在 100Ma。研究结果证实，在进入第四纪之前，火山已经进入休眠期。厂址区地表出露和钻孔揭露的地层主要有西山头组、茶湾组、九里坪组和馆头组。

4.2.2　第四系地层分布

厂址区陆域（不包括潮间带及滩涂）第四系地层主要有上更新统和全新统，中更新统和下更新统地层缺失，它表明在 0.10Ma～2.48Ma 年间海岸迅速抬升并接受剥蚀，使白垩系馆头组与上更新统地层间形成构造不整合。

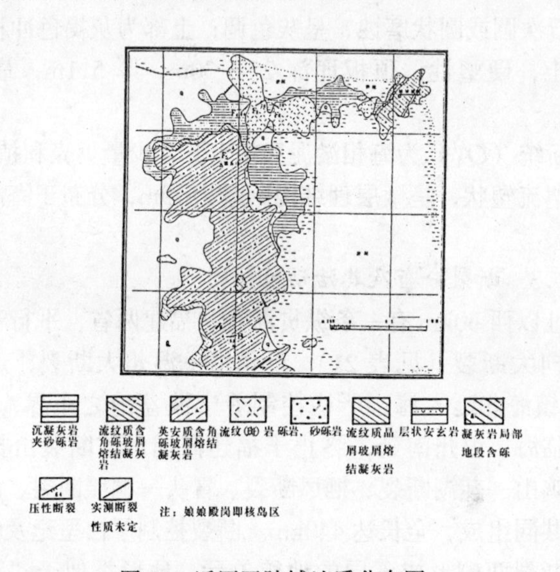

图 37　近厂区陆域地质分布图

Fig. 37　Geological Map of the Site Vicinity (Only Inland)

上更新统在地表仅零星分布，最大厚度 87.60m，主要由陆相碎屑堆积物组成，形成河湖相或河相——湖相——海相沉积旋回，并可划分出三个沉积旋回，上更新统底部（Q_3^{pl1}）主要由河湖相地层组成，山前及河谷上游为冲积、洪积及坡积砾石层，分选性和磨圆度差，夹含粘土、薄层砂和粉质粘土。河谷中下游至河口部位为河、湖相冲洪积砂砾石层和粉质粘土互层。该层厚28～48.10m，顶板埋深62～65.40m。上更新统中部（Q_3^{pl2}）为陆相堆积夹海相沉积，古河道上游典型剖面见灰色、浅灰色坡积或冲洪积砂砾石层，上部为湖相具波状微层理之粉质粘土；河谷下游至河口为海陆交互相冲洪积砂砾石层和灰褐色粉质粘土层，最大厚度21.30m，顶板埋深30～45m。上更新统上部（Q_3^{pl3}）属河湖相堆积，底部夹有砂和粉质粘土层之坡积、冲洪积砂砾石，砾石次圆或圆状磨蚀，呈灰色调；上部为灰褐色冲积或湖积粉质粘土，硬塑性，顶板埋深25～30m，厚5.1m，最大厚度18.20m。

全新统（Q_4^{hl}）为海相淤泥质粘土，含少量贝壳和植物碎片，灰色软塑流塑状，呈微层理结构，厚25.9m，分布于海湾平原表层。

4.2.3 断裂分布及其活动性

厂址以西30km有一条纵贯浙江、福建两省，平行于海岸线的北东向大断裂（见表21），即镇海—温州大断裂，走向北东25°，自镇海北延入海，严格控制着宁波盆地之东界，沿宁海、三门、临海、温州南延，终止于福建霞浦。该断裂由抬宝山断裂、金鸡山—莼湖断裂、栖凤断裂、冒头—桐照断裂、河伯—蒋家断裂共同组成，全长达440km。断裂控制了白垩纪及晚新生代盆地，断裂两侧形成不同的地貌单元，地形类似于“跷跷板”，以三门湾为界，北段南东侧为构造剥蚀低山丘陵，西北为宁波盆地；南段东侧为丘陵平原，而西北侧为构造剥蚀中低山区。地球物理资料在重力上为正负异常相间，航磁为断续分布的异常带，深地壳重力模型计算显示，断裂东侧厚28～29.44km，西侧为31～32km。沿断裂第四纪火山有两次活动，火山堆积分别厚9m

和 38m。构造地貌研究显示，河伯—蒋家断裂和冒头—桐照断裂晚更新世以来有过活动，活动速率 0.1mm/a（邵云惠等，1991年）。断层物质的石英电镜扫描结果也显示出第四纪以来断裂的多次活动性。

表 21 区域断裂最近一次活动时间

Table 21 The latest time of the regional fault movement

名　称	活　动　时　间
金鸡山—莼湖断裂	N_2-Q_1,Q_3-Q_4
河伯—蒋家断裂	Q_1,Q_2
栖凤断裂	Q_2,Q_3-Q_4
深甽断裂	Q_1
仙人井断裂	Q_1 强烈活动,Q_2,Q_4
抬宝山断裂	Q_2
下邵—牛埂岭断裂	Q_1,Q_2
新路水库断裂	Q_1,Q_2
小灵峰断裂	N_2-Q_1
三星地断裂	N_2-Q_1

断裂活动主要集中于中更新世之前，晚更新世以来部分断裂有活动但较弱。

4.2.4 地震活动特点

浙东沿海一带的地震历史文献表明，区内地震活动强度低、分布稀、震源浅。自公元 499 年以来，扩塘山厂址半径 50km 范围之内没有发生过破坏性地震。在半径 100km 范围内，1523 年 8 月 14 日镇海发生 $5\frac{1}{2}$级（震中烈度Ⅷ度）地震，位于厂址以北约 90km 处。另有资料证实，1867 年 12 月 8 日在宁海曾发生过 4 级（Ⅴ度）地震，震中距厂址直线距离 40km，位于镇海—温州断裂与安吉—宁海断裂的交汇处，对厂址没有影响。

宁波、盘山建有地震台，对厂址区的地震监控能力为M_L1.5级。自宁波保国寺地震台于1971年建立后的16年间，并查对国家地震局台网观测资料，宁波地区仅记录到16次零星地震（见表22）。其中最大震级为M_S4.2，位于普陀大展地区，距厂址约120km，最小震级为M_S0.8，距厂址约90km。厂址区无地震发生。

表22 宁波地区的仪器地震记录（引自文摘[3]，1971～1988年）

Table 22 Instrumental Earthquake Catalog of Ningbo District

序	日期	北纬	东经	地点	震级(M_S)
1	1971.2.9	30°00′	122°18′	普陀大展	4.2
2	1971.2.11	30°00′	122°18′	普陀大展	4.1
3	1975.12.31	30°06′	121°54′	定海册子山	1.6
4	1976.1.10	29°40′	122°10′	六横岛	0.8
5	1976.10.18	29°40′	122°10′	六横岛	0.8
6	1976.10.18	29°40′	122°10′	六横岛	1.2
7	1976.10.27	29°44′	122°04′	六横岛	1.3
8	1976.10.27	29°48′	122°06′	六横岛	1.9
9	1976.10.27	29°46′	122°15′	桃花岛	1.6
10	1977.5.19	29°54′	121°48′	宁波大碶	1.6
11	1978.7.27	29°54′	121°54′	宁波北仑	1.4
12	1980.5.20	29°42′	121°20′	奉化西	1.2
13	1982.2.27	29°06′	122°18′	普陀螺门	1.5
14	1983.3.11	29°48′	121°24′	鄞县	1.1
15	1984.7.6	29°51′	121°23′	鄞县风岙	2.1
16	1987.2.16	30°00′	121°48′	金塘岛	1.0

为详尽了解区域地震活动水平和构造活动强度，中国地质科学院曾于1988年8月15日～1989年1月15日，在宁波周围建立了以西岙为中心台，辅以保国寺、千亩岙、城湾、小天王联网式临时地震观测系统，台网控制精度可达到M_S0.1级，历时5

个月。结果表明，观测时段内西岙 50km 半径范围内未记录到 $M_L \geqslant 0.5$ 级的地震，50～110km 范围仅记录到 0.3～1.1 级地方微震 4 次。这些地震与区域性构造无直接关系。

4.3 厂址区的地基岩性

三门湾核电站位于六敖镇以东 6km 处的猫头山半岛上，地理坐标北纬 29°06′10″，东经 121°38′40″，半岛三面环海，背靠青山，海拔高程 90～152m，山顶浑圆，谷缓坡平，地形十分有利。经钻孔揭示和厂区地面地质调查（不包括海域），地表出露地层为侏罗系上统西山头组灰褐色流纹质含角砾玻屑熔结凝灰岩（J_{3c^1}）；茶湾组下段灰白、灰绿和灰黑色中薄层或厚层状粉砂岩、沉凝灰岩、砂岩，呈互层状夹少量砾岩，上部为含砾沉凝灰岩及凝灰质砾岩（J_{3c^1}）；茶湾组中段深灰、浅灰紫色英安质含角砾含晶屑熔结凝灰岩，下部为浅灰白色、浅灰红色流纹质晶屑、玻屑熔结凝灰岩。在娘娘殿岗附近，该段底部夹有一厚约 10～15m 的灰绿、灰紫色安山玄武岩。在狗头山岛上，该段夹一套灰绿色集块角砾岩；茶湾组上段（J_{3c^3}）上部为灰紫、紫色英安质含砾玻屑熔结凝灰岩，下部为浅灰色中薄层状沉凝灰质砂岩、砂砾岩和粉砂岩。

九里坪组（J_{3j}）主要由一套灰紫、灰红色流纹斑岩或流纹岩组成，零星分布于前山及大紫门岛、灶窝山岛等几个小岛上。

下白垩统馆头组（k_{1g}）在厂区西南后沙山附近局部出露，主要由砾岩、砂砾岩、粉砂岩组成，馆头组上段（k_{1g^2}）局部夹一厚约 10m 的灰紫色流纹质含晶屑熔结凝灰岩层。

钻孔岩芯分析，厂区地表强风化层厚 1.24～4.12m，中等风化层厚 2.87～6.35m，岩芯采取率 99.2%，岩石质量指标为 73.6%，岩芯完整，质地坚硬。微风化层仅沿节理面有轻微风化现象，岩芯采取率 98.5%，岩石质量指标为 91.4%，岩芯最长可达 2m，岩样新鲜、完整、坚硬。

4.4 核岛的安全设计要求

根据初步可行性研究报告，三门核电站厂址规划容量4×100万kw机组，建成后年发电量为220亿kw时，用四条500kv输电线路连入华东电网。厂址地区：1:25 000地质填图查明，厂区出露的地层主要为侏罗系上统西山头组（J_{3x}）、茶湾组（J_{ac}）和九里坪组（J_{aj}），以中酸性—酸性火山岩为主的火山喷发物，代表性的熔岩有安山玄武岩、流纹斑岩、火山碎屑岩中有熔结火山碎屑岩、流纹质含晶屑玻屑熔结凝灰岩、英安质含角砾玻屑熔结凝灰岩，沉火山碎屑岩中为沉凝灰岩和沉含砾凝灰岩。地貌上坡缓谷平，地层分布产状平缓，地质构造上无断裂及较大的破碎带出现，岩层结构整体性好。综合评价厂址特征，地理位置优越，交通运输方便，区域地质稳定，淡水资源丰富，满足核安全评价要求。

核电站分为核岛和常规岛两部分，核岛区包括反应堆蒸汽供应系统（NSSS）、反应堆安全系统、反应堆辅助系统、通风与给排水、控制与仪表、废气废液和固体废物的贮存处理和排放系统组成。汽轮发电机部分称为常规岛。核安全防护的重点在安全壳。压水堆安全壳设计多采用单层圆柱形钢筋混凝土结构，顶部为半球形或半椭球形，内置压力壳、堆芯、控制棒、蒸汽发生器、喷淋装置及各类管道系统。安全壳内径约37m，高约60～70m，壁厚1m，内衬6mm厚钢板完全密封的大厅，自由空间70 000～90 000m^3，设计可承受3～5个大气压，并要求气体泄漏率的标准在设计压力条件下每天泄漏的空气体积不超过壳内自由体积的0.1%～0.5%。除密封性能要求外，还要求有防备外来冲击的能力，如飞机堕毁的撞击，地震发生时的冲击力。这使整个安全壳的加固钢筋就达到6 000t，如果加上压力堆、上百吨的核燃料，数10t的预埋部件（如电缆管道、接地电缆和地脚螺栓），在1 075m^2的地基上要承重近65 000t，每平方米达到60t，这对地基的静力荷载要求很高，考虑到土层的非线性物理特性和大尺度永久性变形的可能，国际上通常要求核岛应坐落在坚固的基岩上。

根据我国核安全法规的相关要求（HAF0108，1990年），在设计剖面中要充分考虑“核电厂设施和结构与地下材料的相互作用在结构和地下材料中所引起的应力。关于地下材料（土和岩石），其主要任务是在具有足够安全裕度的静荷载和动荷载状态下形成和保持一定程度的稳定性。”规定中进一步强调：“地震荷载是最重要的动荷载，它们将是惟一被本导则讨论的动荷载。”

4.5 岩石样品的采集与试验要求

根据要求，作者承担了核岛区岩石力学参数的测试工作。现场共采样18组，试样标本110个，岩性包括暗灰色含角砾玻屑英安质熔结凝灰岩、凝灰质细砂岩及砂岩、暗灰色凝灰质角砾岩、英安质玄武岩、霏细斑岩、深灰色凝灰质细砂岩以及流纹岩等。岩样加工严格按国际岩石力学协会推荐的方法：

(1) 岩石样品正圆柱形，其高度与直径之比为2.0:3.0，样品直径比岩石内矿物颗粒平均直径大10倍以上；

(2) 样品两个端面平行至0.02mm，并与圆柱轴线垂直，最大偏差不超过0.001弧度（大约3.5分，即0.05mm/50mm）；

(3) 圆柱体侧面光滑、平整，岩样的整个长度与一直线的偏差小于0.3mm；

(4) 样品直径测量，取其上部、中部、下部三个地方，每个地方测量相互垂直的两个直径，以6个数值的平均值为样品的平均直径。样品高度测量精度在0.1mm以内。

试验用主要技术设备有SD-1型超声波检测仪、岩石剪切流变仪和RDT-10000型岩石高压三轴仪。其中RDT-10000型岩石高压三轴仪，可在动、静两种状态下完成单轴与三轴试验，主要技术性能：

（1）轴向荷载 1～220T；

（2）三轴围压 0～10 000kg/cm^2；

（3）轴向压载速率 20t/ms。

根据测试结果而获得：岩石样品容重、吸水率、饱和吸水率、干样极限抗压强度、饱和极限抗压强度、抗剪强度、结构面抗剪强度、抗拉强度、软化系数、静弹性模量、动弹性模量、动剪切模量、静泊松比、动泊松比、阻尼系数、弹性波速（V_s、V_p）等 17 种特性指标。

试样在野外采样编号的基础上进行精加工，精加工后的试件定名和编号原则，是在同一段岩样制成同一种试验的几个岩样试件时，在编号后加上一个数字，以示区别。同时，按要求将试样野外的定名和编号分为五类（见表 23）：

表 23 核岛钻孔取样岩芯编目

Tab. 23 Cataloguing of the Nuclear Island Drill Core Samples

采样编号	钻孔号	样品长度（cm）	样品直径（mm）	采样深度（m）	备 注
A-8-1	128	17.5	53	17.66	A组 暗灰色英安质含角砾玻屑熔结凝灰岩
A-8-2	128	15.0	53	17.80	
A-8-3	128	16.0	53	17.16	
A-8-4	128	15.0	53	17.60	
A-8-5	128	17.0	53	14.45	
A-8-6	128	16.0	53	14.60	
A-8-7	128	17.0	53	13.30	
A-8-8	128	15.5	53	12.70	
B-5-1	128	26.5	53	17.66	B组 暗灰色英安质含角砾玻屑熔结凝灰岩
B-5-2	128	13.0	53	17.80	
B-5-3	128	19.0	53	17.16	
B-5-4	128	27.0	53	17.60	
B-5-5	128	31.0	53	14.45	

续表

采样编号	钻孔号	样品长度 cm	样品直径 mm	采样深度 m	备 注
C-6-1	128	16.0	53	65.50	C组 暗灰色英安质含角砾玻屑熔结凝灰岩
C-6-2	128	33.0	53	66.70	
C-6-3	128	17.0	53	69.00	
C-6-4	128	16.0	53	67.00	
C-6-5	128	15.0	53	67.16	
C-6-6	128	32.0	53	67.43	
D-10-1	116	23.0	53	4.77	D组 凝灰质砂岩
D-10-2	116	23.0	53	5.40	
D-10-3	116	13.0	53	6.10	
D-10-4	116	24.0	53	5.90	
D-10-5	116	10.0	53	4.10	
D-10-6	116	28.0	38	10.90	
D-10-7	116	13.0	38	11.60	
D-10-8	116	14.0	38	7.80	
D-10-9	116	13.0	38	7.95	
D-10-10	116	13.0	38	15.70	
E-4-1	116	24.0	38	18.00	E组 凝灰质砂岩
E-4-2	116	27.5	38	22.40	
E-4-3	116	13.5	38	25.36	
E-4-4	116	20.5	38	26.20	
F-4-1	118	13.0	38	32.30	F组 凝灰质砂岩
F-4-2	118	15.0	38	33.70	
F-4-3	118	17.0	38	34.10	
F-4-4	118	13.5	38	34.30	
F-4-5	118	15.0	38	41.25	
F-4-6	118	21.5	38	39.00	

续表

采样编号	钻孔号	样品长度 cm	样品直径 mm	采样深度 m	备注
G-4-1	118	13.0	38	11.60	G组 凝灰质砂岩
G-4-2	118	13.0	38	11.80	
G-4-3	118	14.0	38	12.10	
G-4-4	118	11.5	38	12.40	
G-4-5	118	18.5	38	12.55	
G-4-6	118	13.0	38	12.70	
H-6-1	114	26.0	53	5.00	H组 暗灰色英安-流纹质含角砾玻屑熔结凝灰岩
H-6-2	114	13.0	53	5.80	
H-6-3	114	12.0	53	6.30	
H-6-4	114	13.0	53	7.16	
H-6-5	114	33.0	53	7.31	
H-6-6	114	34.0	38	7.90	
I-7-1	113	22.0	38	37.63	I组 暗灰色流纹质含角砾玻屑熔结凝灰岩
I-7-2	113	13.0	38	38.73	
I-7-3	113	16.0	38	39.35	
I-7-4	113	16.0	38	39.51	
I-7-5	113	14.0	38	39.67	
I-7-6	113	15.0	38	39.97	
I-7-7	113	14.0	38	40.80	
J-5-1	113	24.0	38	17.47	J组 暗灰色流纹质含角砾玻屑熔结凝灰岩
J-5-2	113	23.5	38	17.72	
J-5-3	113	13.0	38	18.15	
J-5-4	113	11.0	38	18.30	
J-5-5	113	32.0	38	18.42	
K-5-1	125	15.0	38	12.4	K组 玄武岩
K-5-2	125	28.0	38	12.9	
K-5-3	125	23.0	38	13.2	
K-5-4	125	17.0	38	14.9	
K-5-5	125	25.0	38	15.5	

续表

采样编号	钻孔号	样品长度 cm	样品直径 mm	采样深度 m	备 注
L-4-1	118	23.0	38	15.1	L组
L-4-2	118	27.0	38	15.6	霏细斑岩
L-4-3	118	23.0	38	27.8	
L-4-4	118	23.0	38	28.8	
M-8-1	118	23.0	38	4.77	M组
M-8-2	118	23.0	38	45.90	玄武岩
M-8-3	118	23.0	38	49.38	
M-8-4	118	23.0	38	50.00	
M-8-5	118	23.0	38	50.50	
M-8-6	118	23.0	38	52.20	
M-8-7	118	23.0	38	52.72	
M-8-8	118	23.0	38	52.90	
N-5-1	126	30.0	38	98.80	N组
N-5-2	126	25.0	38	96.70	青灰色凝灰质
N-5-3	126	23.0	38	94.90	粉砂岩
N-5-4	126	10.0	38	92.40	
N-5-5	126	17.0	38	89.80	
O-4-1	126	31.0	38	67.50	O组
O-4-2	126	30.0	38	68.25	灰黑色玄武岩
O-4-3	126	23.0	38	72.40	
O-4-4	126	24.0	38	73.30	
P-4-1	124	26.0	38	10.00	P组
P-4-2	124	25.0	38	11.10	流纹斑岩
P-4-3	124	22.0	38	13.20	
P-4-4	124	28.0	38	10.70	
Q-5-1	124	27.0	38	37.10	Q组
Q-5-2	124	27.0	38	37.40	流纹斑岩
Q-5-3	124	25.0	38	38.60	
Q-5-4	124	14.0	38	38.85	
Q-5-5	124	14.5	38	38.95	

续表

采样编号	钻孔号	样品长度 cm	样品直径 mm	采样深度 m	备注
R-6-1	124	22.0	38	60.40	R组 流纹斑岩
R-6-2	124	13.0	38	61.20	
R-6-3	124	19.0	38	61.40	
R-6-4	124	22.0	38	63.00	
R-6-5	124	17.0	38	63.20	
R-6-6	124	17.0	38	63.40	

第一类凝灰岩，包括编号A、B、C、H、I、J；

第二类凝灰质砂岩，包括编号D、E、F、G、N；

第三类玄武岩，包括编号K、M、O；

第四类霏细斑岩，包括编号L；

第五类流纹斑岩，包括编号P、Q、R。

为了便于在软件上查询资料和容易查阅分析所提供的试验结果，特规定本试验编号中最前的一个字母“S”为本次试验代码，其后面的第一个数“0”为阻尼试验；“1”为劈裂拉伸试验；“2”为单轴压缩试验；“3”为三轴压缩试验；第二个数中“0”为非加力试验；“1”为静压；“2”为动压；“3”为软化；第三个数为岩类代码；第四个数为该类试验和该类岩石的试验序号。

试验岩样的岩性描述：

A. 凝灰岩：暗灰色英安质含角砾玻屑熔结凝灰岩。岩石完整、碎屑胶结紧密。

B. 岩性同A，描述同A。

C. 岩性同A，描述同A。

D. 凝灰质细砂岩及砂岩：呈淡绿色，似有风化，结构均匀，岩石较完整，有裂隙，有微层理。

E. 凝灰质细砂岩及砂岩：结构均匀，岩石坚硬完整。

F. 岩性同D，描述同D。

G. 岩性同D，描述同D，但微风化。

H. 暗灰色英安－流纹质含角砾玻屑熔结凝灰岩：描述同A。

I. 暗灰色流纹质含角砾玻屑熔结凝灰岩：描述同A。

J. 暗灰色流纹质含角砾玻屑熔结凝灰岩：描述同A。

K. 霏细斑岩：呈淡黄色、细粒斑晶结构、无裂隙、岩石完整。

L. 玄武岩：岩石完整、质地坚硬。

M. 玄武岩：岩石完整、质地坚硬。

N. 青灰色凝灰质粉砂岩。

O. 灰黑色玄武岩。

P. 灰白色流纹斑岩：流纹清楚、岩石完整，质地坚硬。

Q. 灰白色流纹斑岩：流纹清楚、有微裂隙分布，故稍松散。

R. 灰白色流纹斑岩：流纹清楚、有微裂隙分布，故稍松散，呈碎裂结构。

4.5.1　重度试验

重度试验分为三种：第一种为 r_0，在室温17℃空气湿度为60%的自然条件下测出；第二种为 r_1，在40℃烘箱中连续烘48h后测出；第三种 r_2，是在水中浸泡30d后测出。其含水量为：

$$W=(r_2-r_1)/r_1$$

测量结果如表24所示。另给出K组样 $r_0=2.82\mathrm{g/cm^3}$，P组样 $r_0=2.49\mathrm{g/cm^3}$，O组样 $r_0=2.85\mathrm{g/cm^3}$。

测试结果表明，原岩容重(r_0)各类岩性变化不大，在2.552～2.810(g/cm³)之间，玄武岩类偏大。经饱和试验，含水率变化较大，在0.3～1.2(%)之间，可相差4倍，以凝灰岩的平均饱和含水率最大1.0%～1.2%，玄武岩最低0.3%～0.6%，这种差异与岩性的均一性、微观结构、孔隙率、微裂纹有关。

表 24 干湿重度试验结果

Tab. 24 The Test Results of Volumetric Weight and Dry Bulk Density

编号		岩样号	r_0 g/cm³	r_1 g/cm³	r_2 g/cm³	含水量 %
11	凝灰岩	A-8-8	2.573	2.566	2.592	1.0
12		A-8-4	2.554	2.551	2.581	1.2
13		A-8-2	2.556	2.554	2.578	1.0
14		B-5-1	2.569	2.566	2.594	1.1
15		H-6-2	2.611	2.609	2.622	0.5
16		I-7-2	2.773	2.771	2.778	0.3
17		J-5-4	2.628	2.623	2.644	0.8
		平均值	2.609	2.606	2.627	0.8
21	凝灰质砂岩	D-10-3	2.649	2.638	2.664	1.0
22		E-6-4	2.697	2.694	2.711	0.6
23		F-6-3	2.596	2.593	2.614	0.8
24		G-6-4	2.643	2.634	2.653	0.7
25		N-5-3	2.671	2.666	2.681	0.6
		平均值	2.651	2.645	2.665	0.7
31	玄武岩	M-8-2	2.777	2.771	2.770	0.3
33		M-8-1	2.810	2.801	2.812	0.4
		平均值	2.794	2.786	2.791	0.4
41	霏细斑岩	L-4-2	2.566	2.562	2.580	0.7
42		L-4-3	2.552	2.548	2.567	0.7
		平均值	2.559	2.555	2.579	0.7
51	流纹斑岩	Q-5-4	2.587	2.586	2.598	0.5
52		R-6-3	2.607	2.599	2.613	0.6
		平均值	2.597	2.593	2.606	0.6

4.5.2 弹性波速试验

弹性波速计算公式为：

$$V_p = \frac{L}{t_p} \qquad V_s = \frac{L}{t_s}$$

其中，L 为试件长，t_p 为纵波运行时间，t_s 为横波运行时间。

试验结果列在表 25 中。试验表明，横波速度（V_s）与纵波速度（V_p）的比值在3/5左右，各类岩性平均 V_p 值介于4.45~5.05（$\times 10^3$m/s）之间，V_s 值为2.83~3.38（$\times 10^3$m/s），角砾岩的 V_p 值和凝灰岩的 V_s 值略大。杨氏模量（E）为玄武岩的平均值最大6.00MPa，砂岩最低4.73MPa。有一点值得提出的是，根据室内弹性波速确定的弹性模量，为动力弹性模量，它与试件静载的应力应变结果，即静单轴压缩测定的比值要高些，表25中的测试结果证实了这一点。

表 25　弹性波速测定结果　（单位：m/s，MPa）

Tab. 25　Determined Results of Elastic Wave Velocity

编号	岩样号		V_p	V_s	E
			$\times 10^3$	$\times 10^3$	$\times 10^4$
11	凝灰岩	A-8-4	5.00	3.03	5.65
12		B-5-5-1	5.05	3.06	5.82
13		B-5-5-1	4.98	3.02	5.66
14		C-6-1	5.12	3.30	6.09
15		C-6-5	4.86	3.29	6.09
16		H-6-2	5.29	3.47	7.15
17		J-5-4	5.08	2.83	5.40
18		I-7-2	5.05	2.83	5.38
		平均值	5.05	3.10	5.91
21	凝灰质砂岩	D-10-3	3.90	2.48	3.78
22		E-4-4-1	5.06	2.84	5.53
23		E-4-4-2	5.05	2.83	5.48
24		F-6-3-2	4.92	2.87	5.37
25		G-6-4	4.43	4.26	—
26		N-5-3	4.27	2.68	5.21
27		N-5-5	3.52	2.13	3.01
		平均值	4.45	2.87	4.73

续表

编号	岩样号		V_p	V_s	E
			$\times 10^3$	$\times 10^3$	$\times 10^4$
31	玄武岩	M-8-1-1	5.50	3.98	6.79
32		M-8-2	4.59	2.79	5.21
		平均值	5.04	3.38	6.00
41	霏细斑岩	L-4-2-1	4.96	2.80	5.11
42		L-4-3-2	4.68	2.85	5.02
		平均值	4.82	2.83	5.07
51	流纹斑岩	P-4-6-2	4.87	2.92	5.18
52		P-4-6-3	4.86	2.92	5.16
53		L-5-4	5.08	2.84	5.32
54		R-6-3-2	5.22	3.08	6.08
		平均值	5.01	2.94	5.44

4.5.3 阻尼系数测试

利用悬臂梁原理，通过激振而测定岩石的阻尼系数是目前室内采用的主要方法。由应变仪记录的振动过程，通过相邻峰值的衰减关系就可以确定试件的振动频率和衰减系数 a，利用计算公式为：

$$a=\frac{1}{\Delta t}\ln\frac{A_1}{A_2}$$

式中：A_1 和 A_2 为两相邻振幅的峰值，Δt 为两峰值所经历的时间。

如果需要附加质量以改变杆件的振动频率时，其附加质量、杆件质量均视为端部集中质量，全部质量折算为端部质量，即

$$M_{折}=0.236\overline{m}\mathrm{H}$$

其阻尼系数常用 ξ 表示

$$\xi=2M\alpha=\frac{2M}{\Delta t}\ln\frac{A_1}{A_2}$$

式中，$\bar{m}$——试件的均布质量；

H——试件的悬臂长度；

M——附加质量 $M\bar{m}$ 赋予试件折算质量 $M_{折}$ 的和。

考虑到实际的工程意义和附加质量法的精度，本文采用的阻尼系数的计算公式为：

$$\xi = 2M_{折}\alpha$$

最终结果见表26。表中 ξ 值离散度不大，位于1.16～1.68之间。相对而言，岩性均一性较差、微裂纹较多时，振动频率要低一些，反映在阻尼系数上则略高。

表26　阻尼系数测试结果

Tab. 26　Determined Results of Damping Coefficient

编　号	岩类	岩样号	ω $\times 10^2$Hz	α $\times 10^2$1/s	ξ $\times$10Ns/m
S0011	凝灰岩	B-5-4	4.21	1.09	1.34
S0012		C-6-6	3.27	1.16	1.43
S0013		J-5-2	4.61	1.02	1.31
S0014		J-5-5	4.37	1.03	1.32
S0015		H-6-1	4.35	1.17	1.50
		平均值	4.16	1.09	1.38
S0021	凝灰质砂岩	D-10-6	4.75	1.38	1.76
S0022		E-4-1	4.32	1.05	1.34
S0023		E-4-2	4.23	1.02	1.30
S0025		F-6-6	4.04	1.44	1.84
S0026		N-5-1	4.60	1.36	1.80
S0027		N-5-2	4.17	0.93	1.23
		平均值	4.35	1.20	1.55
S0031	玄武岩	O-4-1	3.48	1.22	1.56
S0032		O-4-4	2.91	1.29	1.64
S0034		K-5-5	4.42	1.40	1.85
		平均值	3.60	1.30	1.68

续表

编　号	岩类	岩样号	ω	α	ξ
			$\times10^2$Hz	$\times10^2$1/s	$\times$10Ns/m
S0051	流纹斑岩	P-4-1	5.71	0.91	1.14
S0052		Q-5-3	5.57	1.23	1.54
S0053		Q-5-2	5.14	1.15	1.44
S0054		P-4-4	4.65	0.71	0.89
S0055		R-6-5	5.33	0.63	0.79
		平均值	5.28	0.93	1.16

4.5.4 圆盘劈裂法拉伸试验

圆盘劈裂法拉伸是测试岩石抗拉强度的有效方法。根据对顶加载力 P 和试件的几何尺寸关系，求出其抗拉强度 σ_t

$$\sigma_t = \frac{2P}{\pi Dt}$$

式中：D——试件直径；

t——试件厚度；

π——圆周率。

静力圆盘拉伸试验结果列于表27，动力试验结果列于表28。

表 27　静力劈裂法拉伸试验结果

Tab. 27　The Extension Test Results Used the Static Splitting Method

编　号	岩类	岩样号	$\sigma_{1\max}$	$\varepsilon_{1\max}$	E
			$\times$10MPa	$\times10^2\mu\varepsilon$	$\times10^4$MPa
S1113	凝灰岩	B-5-2-3	1.33	3.34	4.20
S1114		B-5-2-2	1.59	4.44	4.11
S1115		C-6-1	1.36	3.70	4.30
S1116		H-6-3-1	1.19	3.18	3.54
S1117		H-6-3-2	0.86	2.84	3.00
S1118		H-6-3-3	0.92	2.76	3.68
		平均值	1.21	3.38	3.81

续表

编号	岩类	岩样号	σ_{1max} ×10MPa	ε_{1max} ×$10^2\mu\varepsilon$	E ×10^4MPa
S1121	凝灰质砂岩	D-10-4-1	0.84	2.31	3.56
S1122		D-10-4-2	0.92	3.26	2.73
S1124		D-10-3	0.54	1.85	2.93
		平均值	0.77	2.47	3.07
S1131	玄武岩	M-8-8-4	0.80	2.83	3.86
S1132		K-5-2-1	0.78	2.72	3.48
		M-8-8-2	0.59	2.02	3.63
		平均值	0.72	2.52	3.66
S1141	霏细斑岩	L-4-3-4	0.93	4.27	1.95
S1142		L-4-1	1.12	4.13	2.73
S1143		L-4-4	0.96	4.92	2.39
		平均值	1.00	4.44	2.36
S1151	流纹斑岩	R-6-2-1	0.66	3.40	3.35
S1152		R-6-2-2	0.68	3.57	2.79
S1153		R-6-2-3	0.52	2.15	3.58
		平均值	0.62	3.04	3.24

表 28 动力劈裂法拉伸试验结果

Tab. 28 The Extension Test Results Used the Kinetic Splitting Method

编号	岩类	岩样号	σ_{1max} ×10MPa	ε_{1max} ×$10^2\mu\varepsilon$	σ_1 ×10^2MPa/s	E ×10^4MPa
S1211	凝灰岩	A-8-4	1.67	4.13	1.96	6.54
S1213		B-5-1	1.74	4.29	1.32	3.57
S1214		A-8-8	1.92	5.74	2.18	4.03
S1215		H-6-6-3	0.98	4.43	4.62	3.08
S1216		H-6-3-2	0.95	2.91	3.32	3.46
S1217		H-6-6-1	1.59	4.81	1.11	4.49
		平均值	1.48	4.39	2.42	4.20

续表

编号	岩类	岩样号	σ_{1max} ×10MPa	ε_{1max} $\times 10^2\mu\varepsilon$	σ_1 $\times 10^2$MPa/s	E $\times 10^4$MPa
S1221	凝灰质砂岩	E-4-4-1	1.27	3.70	4.64	3.78
S1222		E-4-4-2	1.11	3.95	3.56	3.37
S1223		D-10-7	0.96	4.40	4.84	2.57
S1224		D-10-10	0.98	3.35	3.71	3.19
		平均值	1.08	3.85	4.19	3.23
S1233	玄武岩	M-8-8-1	1.23	4.14	2.20	1.89
S1234		K-5-2-1	1.23	3.70	3.08	3.49
S1235		M-8-4-1	0.89	3.14	5.36	3.03
		平均值	1.12	3.66	3.55	2.83
S1241	霏细斑岩	L-4-3-1	1.56	6.13	3.10	2.58
S1242		L-4-3-2	1.49	6.49	2.23	2.47
S1243		L-4-3-3	1.19	5.86	2.14	2.21
		平均值	1.41	6.16	2.49	2.42
S1255	流纹斑岩	Q-5-5	1.92	5.23	2.47	4.32
S1256		P-4-4	1.43	3.27	3.47	4.35
		平均值	1.68	4.25	2.97	4.34

试验结果令人满意，就各类岩性的平均拉伸强度而言，动力试验明显高于静力试验结果。表中 σ_{max}为破坏强度（拉伸为正，压缩为负），ε_{1max}为破坏时最大应变。由此方法给出的弹性模量与压缩试验结果相比，拉伸弹模明显低于压缩弹模，约占 60%，强度在 10% 以内。图 38 为静力拉伸试验的应力应变关系。

4.5.5 单轴压缩试验

1）静力单轴

静力单轴一次性加载破坏试验是岩石强度试验的基本方法，经验表明，进行有限次重复加载试验，其结果与一次性加载没有明显的差别。表 29 给出的静力单轴压缩试验结果中，有最大轴向应力 σ_{1max}，两个相互垂直方向的最大主应变 ε_{1max}和 ε_{2max}（规

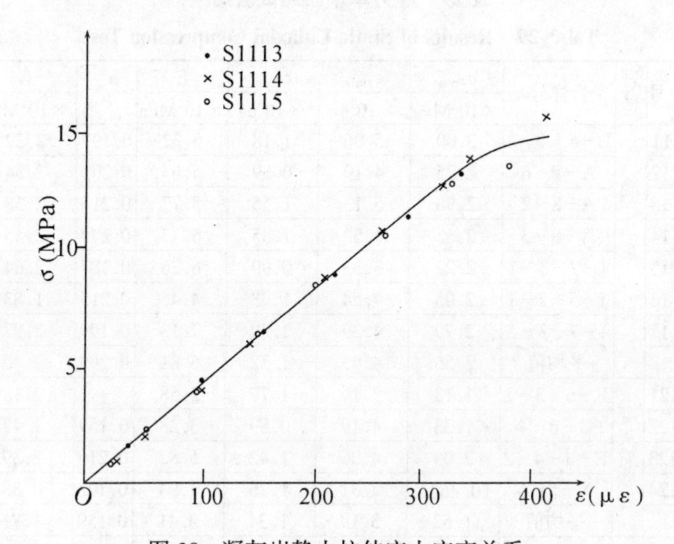

图 38　凝灰岩静力拉伸应力应变关系

Fig. 38　Stress - Strain Curve of the Tuff by the Static Stretch Method

定 ε_{1max}压缩为负，ε_{2max}拉伸为正，以下均同)，同时给出了杨氏模量 E、泊松比 μ 和剪切模量 G。

2）动力单轴

动力单轴是指轴向变速率加载直至试件破坏的试验过程。试验结果如表 30。结果表明，单轴动载条件下，岩石的强度要高于静载，平均约高出 20%。但动载比静载的结果离散度要大些，单轴比三轴的结果离散度要大些。这表明稳定的力学状态和环境对岩石特性是重要的。

3）静力软化

岩石在浸水后，强度将发生不同变化。软化系数即代表了岩石的一种抗浸水能力或软化后岩石强度的变化。静力单轴软化的试验结果证明了这一点（见表 31 和表 32）。

表 29　静力单轴压缩试验结果

Tab. 29　Results of Static Uniaxial Compression Test

编　号	岩类	岩样号	σ_{1max}	ε_{1max}	ε_{2max}	E	μ	G
			$\times 10^2$MPa	$\times 10^3\mu\varepsilon$	$\times 10^3\mu\varepsilon$	$\times 10^4$MPa		$\times 10^4$MPa
S2111	凝灰岩	B-5-1-2	3.00	5.06	1.18	5.32	0.199	2.22
S2112		A-8-6	2.25	4.19	0.89	5.63	0.202	2.34
S2113		A-8-2	2.98	5.13	1.55	5.77	0.211	2.38
S2114		A-8-3	2.65	4.52	1.35	6.13	0.249	2.45
S2115		I-7-3-1	2.22	3.33	0.90	6.26	0.187	2.64
S2116		J-5-2-1	2.05	4.54	1.98	4.45	0.215	1.83
S2117		I-7-3-2	2.79	4.39	1.39	7.13	0.199	2.97
		平均值	2.56	4.45	1.32	5.81	0.209	2.40
S2121	凝灰质砂岩	F-6-3-2	1.13	2.19	1.77	2.58	-	2.13
S2122		G-6-4	1.33	4.19	0.89	3.28	0.159	1.42
S2123		E-4-4-2	2.09	4.06	1.42	5.82	0.216	2.39
S2124		N-5-5	(0.46)*	2.31	1.26	1.94	0.102	0.88
		平均值	1.52	3.19	1.34	3.41	0.159	1.71
S2142	玄武岩	M-8-4	1.33	2.14	0.68	6.13	0.297	2.36
S2143		M-8-3-2	1.66	2.18	0.65	7.50	0.304	2.88
		平均值	1.50	2.16	0.67	6.82	0.301	2.62
S2151	** 流纹斑岩	L-4-2-1	2.12	5.05	2.69	4.84	0.270	1.91
S2152		P-4-6-2	3.10	5.26	1.28	5.76	0.214	2.37
S2153		P-4-6-3	2.70	5.37	1.42	5.76	0.232	2.34
S2154		R-6-4-2	1.23	3.55	1.17	4.32	0.211	1.78
		平均值	2.34	4.73	1.29	5.28	0.219	2.17

注 *:反常值,未参与统计平均;

** :霏细斑岩。

图 39 为静力单轴压缩试验的本构关系图。

单轴压缩的三种试验（静力单轴、动力单轴和软化静力单轴），其试样是处于无侧压力状态下进行的，岩样的微裂纹、矿物颗粒的大小和分布以及岩样的不均一性必然会对试验结果产生影响。这是单轴试验比三轴试验效果要差一些的主要原因。

表 30　动力单轴压缩试验结果

Tab. 30　Results of Kinetic Uniaxial Compression Test

编号	岩类	岩样号	σ_{1max} $\times10^2$MPa	ε_{1max} $\times10^3\mu\varepsilon$	ε_{2max} $\times10^3\mu\varepsilon$	$\dot{\sigma}_1$ $\times10^4$MPa	E $\times10^4$MPa	μ	G $\times10^4$MPa
S2211	凝灰岩	B-5-3-2	4.20	6.75	2.07	11.2	6.22	0.306	2.38
S2212		A-8-4	3.65	3.91	1.17	11.5	7.09	0.267	2.80
S2216		C-6-5	1.51	1.98	1.14	4.4	8.01	–	–
S2217		J-5-2-2	1.79	2.77	1.29	7.5	–	–	–
S2218		I-7-6	2.08	3.40	1.42	2.7	6.12	0.221	2.51
S2219		H-6-6-1	2.53	2.93	1.45	4.4	7.25	0.310	2.77
S2215		H-6-6-2	3.42	3.56	1.24	8.2	6.47	0.284	2.52
		平均值	2.74	3.61	1.40	7.1	6.86	0.278	2.60
S2222	凝灰质砂岩	D-10-10	2.77	4.51	1.45	9.9	4.70	0.165	2.02
S2223		F-6-2	2.92	3.59	0.91	8.4	6.23	0.160	2.69
S2224		D-10-7	2.34	5.19	1.96	6.8	6.04	0.221	2.47
		平均值	2.68	4.43	1.44	8.4	5.66	0.182	2.39
S2231	玄武岩	M-8-1-2	1.63	3.32	1.70	4.3	7.68	0.391	2.76
S2232		M-5-3	0.66	1.11	1.43	4.2	4.50	0.272	1.77
S2233		M-5-5	0.70	1.46	1.04	3.1	4.73	0.270	1.86
S2234		O-4-3-2	2.29	6.03	2.59	6.0	3.69	0.216	1.52
		平均值	1.32	2.98	1.69	4.4	5.15	0.287	1.98
S2241	霏细斑岩	L-4-3-2	1.10	3.32	0.93	4.8	4.44	0.269	1.75
S2242		L-4-4-1	1.96	2.69	0.57	7.3	6.21	0.166	2.66
S2243		L-4-2-1	1.76	2.48	1.14	3.9	6.85	0.322	2.59
		平均值	1.61	2.83	0.88	5.3	5.83	0.252	2.33
S2251	流纹斑岩	P-4-6-1	5.21	6.90	2.07	12.6	6.49	0.201	2.70
S2252		P-4-6-4	3.14	3.51	1.19	13.0	5.77	0.273	2.27
		平均值	4.18	5.21	1.63	12.8	6.13	0.237	2.48

表 31 静力单轴软化压缩试验结果

Tab. 31 Results of Static Uniaxial Softening Compression

编号	岩类	岩样号	σ_{1max} $\times 10^2$MPa	ε_{1max} $\times 10^3\mu\varepsilon$	ε_{2max} $\times 10^3\mu\varepsilon$	E $\times 10^4$MPa	μ	G $\times 10^4$MPa
S2311	凝灰岩	A-8-8	2.89	4.92	1.16	5.68	0.210	2.35
S2312		C-6-1	1.91	3.32	0.70	4.25	0.226	1.73
S2315		A-8-2	2.97	5.40	1.52	5.56	0.245	2.23
S2316		H-6-2	1.06	1.92	0.44	5.31	0.101	2.41
S2317		J-5-4	1.49	4.50	1.19	4.28	0.184	1.81
S2318		I-7-2	1.71	3.11	1.81	6.00	0.278	2.35
		平均值	2.01	3.86	1.14	5.18	0.207	2.15
S2221	凝灰质砂岩	D-10-3	0.59	4.34	1.34	(1.36)*	0.315	0.52
S2322		F-6-3-1	1.44	2.66	0.96	5.66	0.279	2.21
S2323		E-4-4-1	2.15	5.44	2.88	4.70	0.323	1.78
S2324		N-5-3	0.57	1.90	0.36	3.55	0.186	1.50
		平均值	1.19	3.59	1.39	4.64	0.221	1.50
S2331	玄武岩	M-8-2	1.57	2.23	0.81	7.34	0.314	2.79
S2333		M-8-1	1.87	1.82	0.43	5.94	0.242	2.39
		平均值	1.72	2.03	0.62	6.64	0.278	2.59
S2341	霏细斑岩	L-4-2-2	2.02	4.81	1.38	4.49	0.250	1.80
S2342		L-4-3-1	1.84	5.26	3.58	3.59	0.342	1.34
		平均值	1.93	5.04	2.48	4.04	0.296	1.56
S2351	流纹斑岩	R-6-3-1	1.84	2.67	0.71	6.76	0.187	2.85
S2352		R-6-3-2	1.09	1.96	0.31	5.57	0.242	2.24
S2353		Q-5-4	2.77	4.07	0.85	6.31	0.187	2.66
		平均值	1.90	2.90	0.62	6.21	0.205	2.58

注*:异常,未参与统计平均。

表 32 软化试验结果

Tab. 32 Results of the Softening Test

类别	1	2	3	4	5
平均含水量%	0.8	0.8	0.4	0.7	0.6
软化系数	0.78	0.91	0.89	0.91	0.81

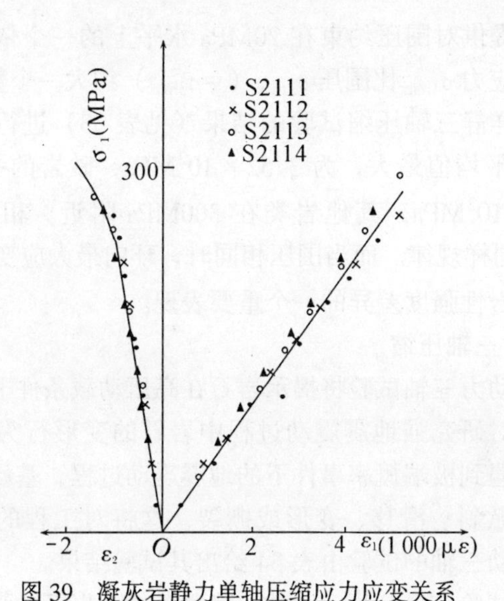

图 39　凝灰岩静力单轴压缩应力应变关系

Fig.39　Stress－Strain Curve of the Tuff by the Static Uniaxial Compression Method

4.5.6　三轴压缩试验

岩石特性的地学环境是处于三轴压力条件下的。三轴应力环境下动静两种状态对岩石力学强度的影响和岩性对外界扰动的响应，是安全设计所需要的重要参数。动、静三轴试验的结果可以为了解真实岩石的特征提供依据。

1）静三轴压缩

静力三轴压缩是在围压 2.00×10MPa（$\sigma_2=\sigma_3$）的约束下进行的破坏试验。McGarr，A. 和 Gay，N. C.（1978 年）总结了由现场（in situ）应力测量而得到的地壳上部应力分布状态关系，证实在地表以下 0.5km 处垂直应力在 20MPa 之内。Brace，W. F. 和 Kohlstedt，D. L.（1980 年）在南非和加拿大所做的工作证明，地表以下 0.5km 内的水平应力也不超过 20MPa。这或许可以提供对围压约束在 20MPa 水平上的一个依据。试验时轴向加载应力 σ_{1max} 比围压 σ_{2max}（$=\sigma_{3max}$）约大一个数量级。

对岩样静三轴压缩试验的结果（见表 33）进行比较，凝灰岩 σ_{1max} 的平均值最大，为 3.52×10^2MPa，砂岩的平均值最小，为 2.76×10^2MPa，其他岩类在 300MPa 附近。相应的应变量 ε_{1max} 也呈同样规律。而当围压相同时，环向最大应变 ε_{2max} 出现变化，这是岩性强度差异的一个重要表现。

2）动三轴压缩

高压动力三轴试验将揭示岩石在高压动载条件下的主要力学特性，这对研究强地震震动过程中岩石的变形行为是非常重要的。如果遇到极端概率事件下的地震震动过程，基础岩石出现不能接受的掀斜、滑移、变形或撕裂，这将对工程的安全造成威胁。高压动三轴的试验由表 34 给出其试验结果。

根据试验结果分析，动载比静载条件下岩石的强度高。平均而言，可增加强度 20%左右。图 40 为动力三轴压缩试验的应力应变关系图。图 41～图 44 是由每类岩石中试样的单轴和三轴压缩试验典型结果给出的应力莫尔圆。其中，内聚力 C 和内摩擦角 Φ 均由它们的平均值确定。

最后，将各类岩石的动、静单轴和三轴试验结果进行综合分析，去掉异常和偏大的值后，给出动、静剪切强度、动、静弹性模量和剪切模量，归纳在表 35～表 40 中。

表 33 静力三轴压缩试验结果

Tab. 33 Results of Static Triaxial Compression Test

编号	岩类	岩样号	σ_{2max}	σ_{1max}	ε_{1max}	ε_{2max}	E	μ	G
			$\times 10$MPa	$\times 10^2$MPa	$\times 10^3\mu\varepsilon$	$\times 10^3\mu\varepsilon$	$\times 10^4$MPa		$\times 10^4$MPa
S3111	凝灰岩	C-6-4-1	2.00	4.33	7.01	1.86	4.77	0.159	2.06
S3113	凝灰岩	B-5-3-1	2.00	3.57	5.63	2.35	4.37	0.103	1.98
S3114	凝灰岩	A-8-7-1	2.00	3.76	7.24	2.09	6.39	0.223	2.61
S3115	凝灰岩	I-7-4-2	2.00	3.10	6.91	1.93	4.76	0.208	1.97
S3116	凝灰岩	H-6-2	2.00	2.85	4.10	0.85	5.89	0.224	2.61
		平均值	2.00	3.52	6.18	1.82	5.24	0.183	2.25
S3121	凝灰质砂岩	G-6-1-1	2.00	1.74	6.01	1.25	3.75	0.108	1.69
S3123	凝灰质砂岩	D-10-2-1	2.00	2.21	6.06	3.33	4.62	0.286	1.80
S3124	凝灰质砂岩	D-10-8-1	2.00	2.16	1.69	3.13	3.93	0.282	1.53
S3127	凝灰质砂岩	G-5-3	2.00	3.14	7.93	1.10	4.41	0.091	2.02
S3128	凝灰质砂岩	N-5-4-1	2.00	4.82	6.89	3.35	7.77	0.231	3.16
S3129	凝灰质砂岩	N-5-4-3	2.00	2.71	4.57	1.28	7.36	0.249	2.95
S3126	凝灰质砂岩	N-5-4-2	2.00	2.52	5.59	2.11	5.81	0.288	2.26
		平均值	2.00	2.76	5.53	2.22	5.38	0.219	2.20

续表

编号	岩类	岩样号	σ_{2max} ×10MPa	σ_{1max} ×10^2MPa	ε_{1max} ×$10^3\mu\varepsilon$	ε_{2max} ×$10^3\mu\varepsilon$	E ×10^4MPa	μ	G ×10^4MPa
S3144	霏细斑岩	L-4-2-1	2.00	3.65	7.54	3.01	5.51	0.189	2.32
S3145		L-4-2-2	2.00	2.44	3.32	2.26	7.34	0.312	2.80
S3146		L-4-4-1	2.00	3.43	4.52	3.43	6.45	0.242	2.60
		平均值	2.00	3.17	5.13	2.90	6.45	0.248	2.58
S3151	流纹斑岩	P-4-3-1	2.00	3.00	6.00	2.71	4.84	0.270	1.91
S3152		P-4-3-2	2.00	3.85	5.82	1.98	5.76	0.272	2.26
S3153		R-6-6-1	2.00	3.25	5.72	2.29	6.16	0.234	2.50
		平均值	2.00	3.37	5.85	2.33	5.59	0.258	2.22

表 34　动力三轴压缩试验结果

Tab. 34　Results of Kinetic Triaxial Compression Test

编　号	岩类	岩样号	σ_{2max}	σ_{1max}	ε_{1max}	ε_{2max}	$\dot{\sigma}_1$	E	μ	G
			×10MPa	$\times 10^2$MPa	$\times 10^3 \mu\varepsilon$	$\times 10^3 \mu\varepsilon$	$\times 10^4$MPa/s	$\times 10^4$MPa		$\times 10^4$MPa
S3213	凝灰岩	A－8－7－2	2.00	5.63	9.59	2.99	7.2	6.07	0.256	2.42
S3214		C－6－3－2	2.00	4.81	8.33	3.90	7.0	6.23	0.207	2.58
S3215		A－8－1－2	2.00	5.05	9.62	2.75	8.8	5.68	0.235	2.30
S3216		H－6－4	2.00	4.01	6.93	1.71	7.0	6.49	0.234	2.63
S3217		J－5－1－2	2.00	3.17	6.25	4.79	5.1	5.05	0.288	1.96
S3218		J－5－1－3	2.00	3.61	5.49	4.49	5.7	4.43	0.241	1.78
		平均值	2.00	4.38	7.70	3.44	6.8	5.66	0.244	2.28
S3221	凝灰质砂岩	E－4－3－1	2.00	3.58	6.89	3.96	5.7	4.43	0.309	1.69
S3223		F－6－1	2.00	3.20	7.51	2.80	5.1	5.12	0.274	2.01
S3224		D－10－8－2	2.00	2.65	10.00	5.49	6.3	3.84	0.316	1.46
S3225		N－8－6－1	2.00	3.01	4.22	1.64	4.7	6.56	0.325	2.48
S3226		N－8－5	2.00	3.24	4.93	4.20	6.8	6.07	0.269	2.39
S3227		N－8－6－2	2.00	3.88	5.59	2.15	8.0	7.19	0.258	2.86
		平均值	2.00	3.26	6.52	3.37	6.1	5.54	0.292	2.15

续表

编号	岩类	岩样号	σ_{2max} ×10MPa	σ_{1max} ×10^2MPa	ε_{1max} ×$10^3\mu\varepsilon$	ε_{2max} ×$10^3\mu\varepsilon$	$\dot{\sigma}_1$ ×10^4MPa/s	E ×10^4MPa	μ	G ×10^4MPa
S3241	霏细斑岩	L－4－1－3	2.00	3.67	9.42	4.22	7.0	4.98	0.232	2.02
S3242		L－4－1－2	2.00	4.24	9.01	4.48	7.4	5.28	0.236	2.14
S3243		L－4－1－1	2.00	4.12	9.16	4.62	6.4	5.11	0.232	2.07
		平均值	2.00	4.01	9.20	4.44	6.9	5.12	0.233	2.08
S3251	流纹斑岩	Q－5－5	2.00	4.25	7.94	2.17	5.6	6.50	0.215	2.67
S3252		P－4－3－3	2.00	3.32	6.41	1.29	6.0	5.68	0.156	2.46
S3253		R－6－6－2	2.00	3.47	6.20	4.05	6.3	4.72	0.247	1.89
		平均值	2.00	3.68	6.85	2.50	6.0	5.63	0.206	2.33

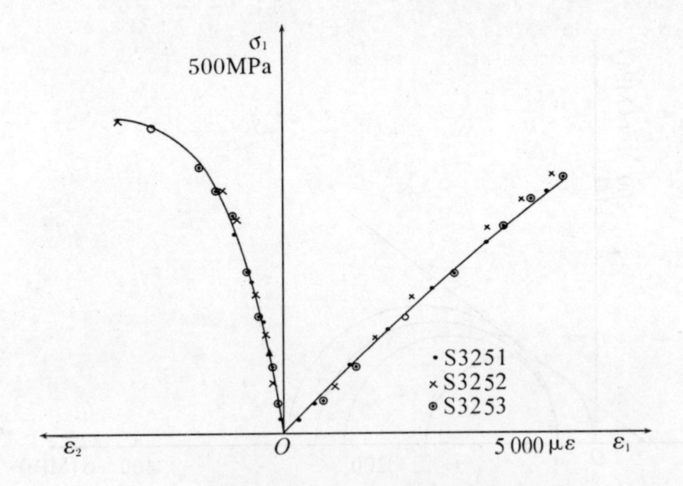

图 40　霏细斑岩动力三轴压缩应力应变关系

Fig. 40　Stress-Strain Curve of the Felsophyre by the Dynamic Triaxial Compression Test

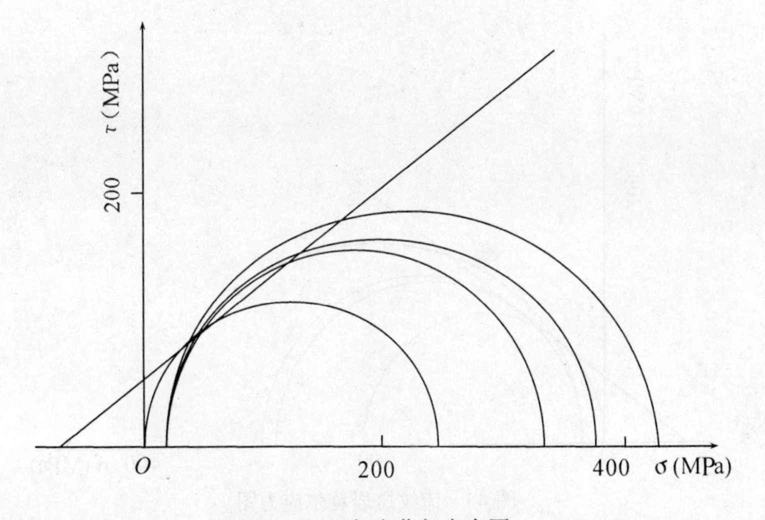

图 41　凝灰岩莫尔应力图

Fig. 41　Mohr's Stress Circle of the Tuff

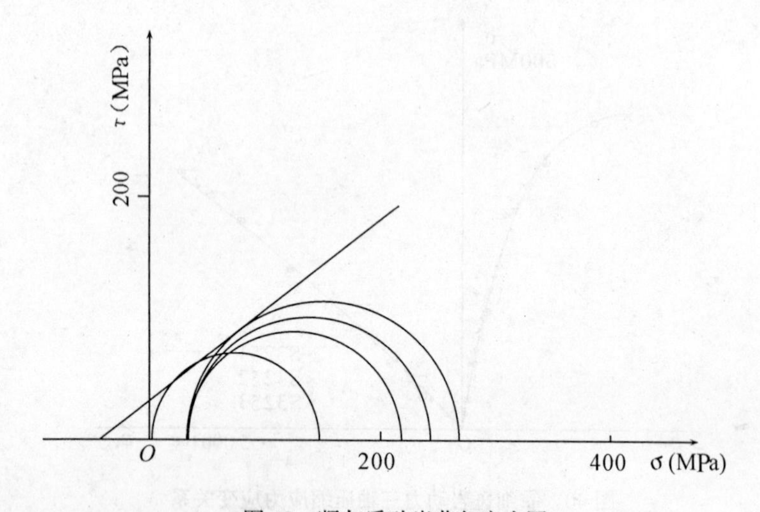

图 42　凝灰质砂岩莫尔应力图

Fig. 42　Mohr's Stress Circle of the Tuffaceous Standstone

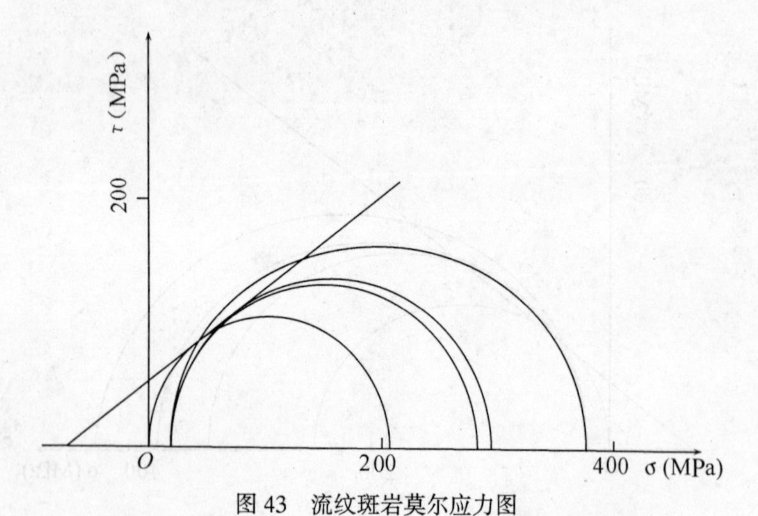

图 43　流纹斑岩莫尔应力图

Fig. 43　Mohr's Stress Circle of the Rhyolite Porphyry

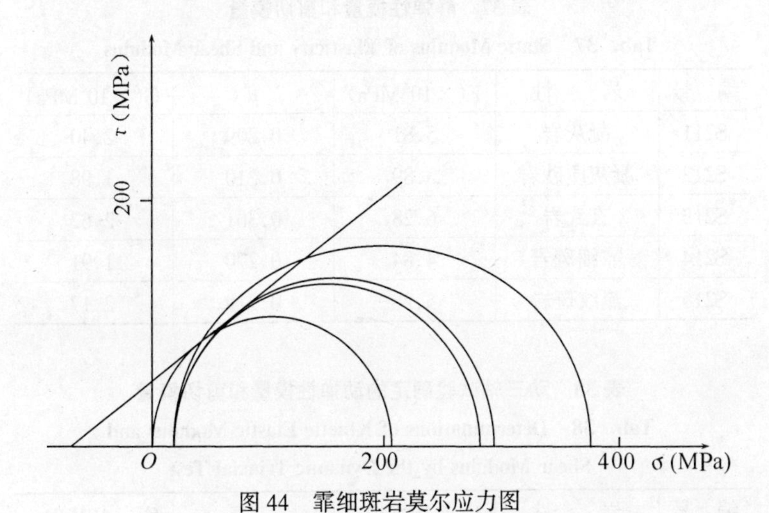

图 44　霏细斑岩莫尔应力图

Fig. 44　Mohr's Stress Circle of the Felsonphyre

表 35　静力剪切强度

Tab. 35　Static Shear Strength

编　　号	岩　　性	C(MPa)	Φ(度)
S311	凝灰岩	57.0	43.0
S312	凝灰质砂岩	33.6	43.5
S313	玄武岩	29.6*	41.0*
S314	霏细斑岩	50.0	42.0
S315	流纹斑岩	56.0	38.0

*　按抗拉强度估算。

表 36　动力剪切强度

Tab. 36　Kinetic Shear Strength

编　　号	岩　　性	C(MPa)	Φ 度
S321	凝灰岩	48.0	50.0
S322	凝灰质砂岩	54.0	31.0
S324	霏细斑岩	29.0	54.0
S325	流纹斑岩	94.0	29.0

表 37 静弹性模量和剪切模量

Tab. 37 Static Modulus of Elasticity and Shear Modulus

编　号	岩　　性	E($\times10^4$MPa)	μ	G($\times10^4$MPa)
S211	凝灰岩	5.81	0.209	2.40
S212	凝灰质砂岩	3.89	0.210	1.98
S213	玄武岩	6.28	0.301	2.62
S214	霏细斑岩	4.84	0.270	1.91
S215	流纹斑岩	5.28	0.219	2.17

表 38 动三轴试验确定的动弹性模量和剪切模量

Tab. 38 Determinations of Kinetic Elastic Modulus and Shear Modulus by the Dynamic Triaxial Test

编　号	岩　　性	E($\times10^4$MPa)	μ	G($\times10^4$MPa)
S221	凝灰岩	5.66	0.244	2.28
S222	凝灰质砂岩	5.54	0.297	2.15
S224	霏细斑岩	5.12	0.233	2.08
S225	流纹斑岩	5.63	0.206	2.33

表 39 动单轴试验确定的动弹性模量和剪切模量

Tab. 39 Determinations of Kinetic Elastic Modulus and Shear Modulus by the Dynamic Uniaxial Test

编　号	岩　　性	E($\times10^4$MPa)	μ	G($\times10^4$MPa)
S221	凝灰岩	6.36	0.278	2.60
S222	凝灰质砂岩	5.66	0.182	2.39
S223	玄武岩	5.15	0.287	1.98
S224	霏细斑岩	5.83	0.252	2.33
S225	流纹斑岩	6.13	0.237	2.48

表 40 岩石物理力学试验的主要推荐值

Tab. 40 Staple Recommend Parameters of the Rock Physics and Mechanics Test

参数类别	岩性	凝灰岩	凝灰质砂岩	玄武岩	霏细斑岩	流纹斑岩
重度 g/cm³	r_0	2.609	2.651	2.794	2.559	2.597
	r_1	2.606	2.645	2.784	2.555	2.593
	r_2	2.627	2.665	2.791	2.579	2.606
弹性波速 $\times 10^3$m/s	V_p	5.05	4.45	5.04	4.82	5.01
	V_s	3.10	2.87	3.38	2.83	2.94
阻尼系数	ξ	13.8	15.5	16.8	—	11.6
静抗拉强度 ×10MPa	σ_{1max}	1.21	0.77	0.72	1.00	0.62
动抗拉强度 ×10MPa	σ_{1max}	1.48	1.08	1.12	1.41	1.68
静单轴抗压强度 $\times 10^2$MPa	σ_1	2.56	1.52	1.50	2.12	2.34
动单轴抗压强度 $\times 10^2$MPa	σ_1	2.74	2.68	1.32	1.61	4.18
弹模 $\times 10^4$MPa	静 E	5.81	3.89	6.82	4.84	5.28
	动 E	6.36	5.66	5.15	5.83	6.13
剪切模量 ×10MPa	静 G	2.40	1.98	2.62	1.91	2.17
	动 G	2.60	3.39	1.98	2.33	2.48
泊松比	μ	0.209	0.210	0.301	0.270	0.219
静抗剪强度	C(MPa)	57.0	33.6	29.6*	50.0	56.0
	Φ(度)	43.0	43.5	41.0*	42.0	38.0
动抗剪强度	C(MPa)	48.0	54.0	—	29.0	94.0
	Φ(度)	50.0	31.0	—	54.0	29.0

* 按单轴抗压和抗拉强度估算。

4.6 岩石动力三轴试验结果分析

RDT－10000 型岩石高压三轴仪可以做单轴动载压力试验和高围压单轴动载试验。在做动力三轴压缩试验时，首先确定围压，然后以不同的轴向压载速率进行试验直至破坏，以观察岩石样品在特殊动力条件下的力学特性。室内岩石样品加工后根据岩性大致分为凝灰岩、凝灰质砂岩、霏细斑岩和流纹斑岩 4 大类，试验中设围压 $\sigma_2=\sigma_3=200\text{kg/cm}^2$，轴压由动载机上动压力装置和下动压力装置的加载杆及活塞控制，轴向荷载时间由起始到峰值 $t\geqslant 9\text{ms}$。轴向压力测定分别在三轴室内、外采用电阻片粘贴于受力柱上以测定应变。试验过程中试件变形的测量电阻片贴在薄铜套（$\delta\leqslant 0.2\text{mm}$）外，轴面上、下和侧向中部对称交叉粘贴，各项测量参数均以电阻值的变化输出，并用 RSM－08A 型数据采集处理仪接收，使记录和处理数据自动化，精度和可靠性得到很大提高。

动力三轴试验包括凝灰岩样品 6 个，凝灰质砂岩 6 个，霏细斑岩 3 个，流纹斑岩 3 个，代表性样品共计 18 个。试验结果见表 41。

核电厂的地基安全在选址过程中占有重要地位。基础承载下卧层的深度、范围及其物理力学性质特别是动力学性质，在传播设计极限地震波动过程或因沉降、滑动对核电厂结构的应力影响要素，在选址过程中均必须予以考虑。

通过对 18 个样品进行的岩石动力三轴试验，获得如下平均动态参数（见表 41 和表 42）：

（1）获得动态弹性模量 E：凝灰岩 5.66×10^4MPa，凝灰质砂岩5.54×10^4MPa，霏细斑岩 5.12×10^4MPa，流纹斑岩5.63×10^4MPa。

（2）获得动态泊松比 μ：凝灰岩 0.244，凝灰质砂岩 0.292，霏细斑岩 0.233，流纹斑岩 0.206。

表 41 动力三轴压缩试验结果

Tab. 41 The Test Results of the Dynamic Triaxial Compression

编号	岩类	岩样号	σ_{2max}	σ_{1max}	ε_{1max}	ε_{2max}	$\dot{\sigma}_1$	E	μ	G
			$\times 10$MPa	$\times 10^2$MPa	$\times 10^3 \mu\varepsilon$	$\times 10^3 \mu\varepsilon$	$\times 10^4$MPa/s	$\times 10^4$MPa/s		$\times 10^4$MPa
S3213	凝灰岩	A－8－7－2	2.00	5.63	9.59	2.99	7.2	6.07	0.256	2.42
S3214		C－6－3－2	2.00	4.81	8.33	3.90	7.0	6.23	0.207	2.58
S3215		A－8－1－2	2.00	5.05	9.62	2.75	8.8	5.68	0.235	2.30
S3216		H－6－4	2.00	4.01	6.93	1.71	7.0	6.49	0.234	2.63
S3217		J－5－1－2	2.00	3.17	6.25	4.79	5.1	5.05	0.288	1.96
S3218		J－5－1－3	2.00	3.61	5.49	4.49	5.7	4.43	0.241	1.78
		平均值	2.00	4.38	7.70	3.44	6.8	5.66	0.244	2.28
S3221	凝灰质砂岩	E－4－3－1	2.00	3.58	6.89	3.96	5.7	4.43	0.309	1.69
S3223		F－6－1	2.00	3.20	7.51	2.80	5.1	5.12	0.274	2.01
S3224		D－10－8－2	2.00	2.65	10.00	5.49	6.3	3.84	0.316	1.46
S3225		N－8－6－1	2.00	3.01	4.22	1.64	4.7	6.56	0.325	2.48
S3226		N－8－5	2.00	3.24	4.93	4.20	6.8	6.07	0.269	2.39
S3227		N－8－6－2	2.00	3.88	5.59	2.15	8.0	7.19	0.258	2.86
		平均值	2.00	3.26	6.52	3.37	6.1	5.54	0.292	2.15

续表

编号	岩类	岩样号	σ_{2max}	σ_{1max}	ε_{1max}	ε_{2max}	$\dot{\bar{\sigma}}_1$	E	μ	G
			$\times 10$MPa	$\times 10^2$MPa	$\times 10^3\mu\varepsilon$	$\times 10^3\mu\varepsilon$	$\times 10^4$MPa/s	$\times 10^4$MPa/s		$\times 10^4$MPa
S3241	霏细斑岩	L−4−1−3	2.00	3.67	9.42	4.22	7.0	4.98	0.232	2.02
S3242		L−4−1−2	2.00	4.24	9.01	4.48	7.4	5.28	0.236	2.14
S3243		L−4−1−1	2.00	4.12	9.16	4.62	6.4	5.11	0.232	2.07
		平均值	2.00	4.01	9.20	4.44	6.9	5.12	0.233	2.08
S3251	流纹斑岩	Q−5−5	2.00	4.25	7.94	2.17	5.6	6.50	0.215	2.67
S3252		P−4−3−3	2.00	3.32	6.41	1.29	6.0	5.68	0.156	2.46
S3253		R−6−6−2	2.00	3.47	6.20	4.05	6.3	4.72	0.247	1.89
		平均值	2.00	3.68	6.85	2.50	6.0	5.63	0.206	2.33

符号说明：σ_{2max}—围压最大值；σ_{1max}—动轴压最大值；ε_{1max}—轴向应变最大值；ε_{2max}—环向应变最大值；$\dot{\bar{\sigma}}_1$—平均轴向加载速率；E—动弹模；μ—动泊松比；G—动剪切模量。

(3) 获得动态剪切模量 G，凝灰岩 2.28×10^4MPa，凝灰质砂岩 2.15×10^4MPa，霏细斑岩 2.08×10^4MPa，流纹斑岩 2.33×10^4MPa。

(4) 在围压为 200kg/cm^2 的条件下，获得动态轴压岩石破坏最大值 σ_{1max}，凝灰岩 4.38×10^2MPa，凝灰质砂岩 3.26×10^2MPa，霏细斑岩 4.01×10^2MPa，流纹斑岩 3.68×10^2MPa。

对核反应堆的安全设计而言，我们进行的这些试验是目前国内最为全面和严格的，我们也高兴地看到，本书所提供的参数已被用于可行性研究报告并作为安全设计的依据。

表 42　岩石动力学参数推荐表

Tab. 42　Recommended Parameters of the Rock Dynamics Tests

参数＼岩性 类别	岩类				
	凝灰岩	凝灰质砂岩	玄武岩	霏细斑岩	流纹斑岩
动抗拉强度 ($\sigma_{1max}\times10$MPa)	1.48	1.08	1.12	1.41	1.68
动单轴抗压强度 ($\sigma_1\times10^2$MPa)	2.74	2.68	1.32	1.61	4.18
动弹模($E\times10^4$MPa)	6.36	5.66	5.15	5.83	6.13
动剪切模量 ($G\times10$MPa)	2.60	3.39	1.98	2.33	2.48
动抗剪强度*	48.0	54.0	–	29.0	94.0
	50.0	31.0	–	54.0	29.0

* 动抗剪强度上排数据代表内聚力 C(MPa)，下排代表内摩擦角 Φ(度)。

4.7　适宜性评价

4.7.1　适宜性方法

适宜性（suitability）在核电站选址工作中是核安全法规所要

求的国际通用方法，用以表征厂址特征好坏的尺度指标。适宜性标度分为四级：第一级——“可、否”分类，即分为可接受或不可接受两类；第二级——顺序标度，考虑的厂址特征可按优劣顺序给予一个等级指标；第三级——差异标度，就考虑中的厂址特征，对每个厂址给定一个适宜性标度因子，使任何两个因子之间的差别有特定的含义；第四级——比例标度，就考虑中的厂址特征，对每一个厂址指定一个具有连续尺度的适宜性比例标度因子，该连续尺度除第三级标定尺度的性质以外尚有非任选零点的特点，可以用这些比例标度因子进行所有的数字运算。通常第一级分类作为简单否定的判别原则，最后的比例标度适用于比较复杂的情况。

4.7.2 分析结论

对厂址的筛选及其优劣次序排列，主要考虑地表或近地表断裂的能动性、地震、地基的岩土特性、火山活动、滨海及滨河厂址的洪水、极端气象现象（热带气旋和龙卷风）、距危险设施的距离、飞机坠毁、人口分布等10个方面因素，以及非安全方面的外部电网的可靠性和稳定性、冷却水的补给量、运输线路、地形条件、离工业中心的距离、环境问题和社会经济情况。由此可见，严格按照安全和非安全两大方面全面评价厂址的适宜性，是初步安全分析报告（PSAR, Preliminary Safety Analysis Report）或最终安全分析报告（FSAR, Final Safety Analysis Report）要给出的研究内容，这已经超出本书讨论的初衷。这里仅就对厂址可导致颠覆性的几个主要因素作如下适宜性分析。

1）地理条件及地形特征。厂址北距宁海县城30km，西南离椒江市51km，宁波市远在83km之外。厂址地形平均坡降仅为0.296度。谷缓坡平，地理及地形条件好；

2）地震地质条件。厂址5km半径内陆域1:25 000地质填图（$10\times10km^2$），断层长度均小于300m，无能动断层存在；厂址30km半径范围没有历史地震记载和现代仪器地震记录，属无震区；设计用安全停堆地震（SSE）的峰值，水平加速度值按抗震设计烈度换算，即 50 年超越概率 10%的设计取值为 0.10g；

3）火山活动。本区虽为中新生代火山侵入杂岩分布区，但火山的最新一次活动在 1 千万年以前，火山已经死亡或休眠；

4）地基条件及动力学特性。近厂区基岩主要为凝灰质角砾岩，断裂和节理不发育，岩体结构完整，质地坚硬。地基承载力大，经测试静单轴抗压强度平均值达 2.008×10^2MPa。平均动抗拉强度为 1.354×10MPa，单轴动抗压强度均值为 2.506×10^2MPa，平均动抗剪强度内聚力为 56.25MPa，内摩察角为 41°；

5）水文要素。滨海历史最高海潮位 6.07m，最低海潮位负 1.72m，千年一遇高潮位 5.81m，对核反应堆安全运行均不构成威胁。

由此可见，扩塘山是一个难得的好厂址。

第五节　小　　结

本章希望通过对实际工程厂址区内断层的评价，总结某些经验并提出个人的一些研究成果，这对我们未来选择核工程厂址是有所裨益的。东岗断层的工作做了多年，积累的资料是相当丰富的，这些资料是最终评价的坚实基础。详细的地震地质调查结合 HAF0101 的规定，作者认为东岗断层属于能动断层，但由于断层距反应堆基础位置尚有 4km，不会直接影响到反应堆的安全。高岭—凌角石断层的调查未证明它的存在，故断层能动性评价失去实际意义。但该构造线北延后与坎岗断层相交，而坝岗断层上存在古滑动面（指向性构造呈水平向），断层控制了 Q_2 的堆积形态，故评价时应排除古地震遗迹的可能性。同时如能更清楚地划分晚更新世地层的分布和年龄，则是十分有意义的工作。天津核供热堆厂址是第四系地层覆盖区断层能动评价的一个典型例子，深部断层上断点错到了中更新统地层并在断层线上发生过

M≥3.0 级的地震，考虑到天津西断裂距厂址仅只 1km，所以对厂址的危险性不应被忽视。浙江三门核电站厂址区不存在能动构造问题，核岛地基基岩完整，通过全面的岩石物理力学参数测试，特别是动力学条件下岩石的完整性和地震条件下的安全性，为抗震设计提供了可靠的依据。整个厂址的最终适宜性按 HAF0109 的规定，对厂址适宜因子进行了评价和综合评定，认为扩塘山厂址是一个难得的好厂址。该厂址现已获国家批准动工。

第七章　结论与讨论

第一节　结　论

通过对能动构造及其时间标度的研究，可以得到以下几点认识：

1. 民用核工业的安全保障在广义的“多重屏障”和大“纵深设防”新框架下，提出了环境屏障（包括地震、地质、气象、海啸等），工程屏障（包括设计、建造和质量保证）以及人为工程屏障的概念。大“纵深设防”应加强实时观测与监督，进行动态环境因子评价的思想。这种观念上的改变是一种理念的升华。

2. 环境屏障中的地震、地质评价包括 SL－2 级设计基准地震震动和能动断层两方面的主要工作。而能动断层是厂址安全审查中是否被接受的关键。能动断层的概念源于活动断层。活动断层向活动构造学方向发展，能动断层正向能动构造学演化。关于能动构造学（Capable Tectonics）作者的定义是：在预期重大或特殊社会经济运动有关的时间内，导致地表或近地表错动的原因、发生与发展过程的研究。

3. 对能动构造的识别提出了四条基本原则，即地层学原则、地震学原则、断代学原则和几何学原则。四条原则中对年龄的规定是普遍存有争议的问题，突出体现在如何理解“晚更新世 Q_3（约 10 万年）以来”（HAF0101［94］）这一具体规定上。

4. 在对世界各主要核工业国家核安全法规中断层运动时间

限定的依据研究的基础上，认为运动时间尺度的标定应依托于具体的构造运动背景，或者说应结合实际的地震地质条件。近70万年以来全球海平面每10万年发生一次升降运动（升降幅度大约120m），近10万年来玉木冰期的来临与海平面高程稳定的同步以及海滨线大约每10万年一次的抬升，表明这些现象与全球性构造运动之间存在内在的制约和联系，因为海底扩张、大陆漂移每时每刻都在改变着地表的“盛水”环境。

5. 进入新构造期以来，我国地壳运动的节奏和强度取决于喜马拉雅山运动和青藏高原加快隆起的幅度。特别是晚更新世以来的这次构造运动，向东波及并持续影响到全国构造应力的分布状态。造成的具体构造表现有加速现代地貌进入成熟期；黄河、长江相继贯通；断裂活动方式发生转变；东部大规模的凹陷，形成马兰黄土的大面积快速堆积的古地理条件（冰期来临形成的古气候条件也是原因之一）；远距离、大规模的海侵卷入陆地（比现今海面高出130～160m，在渤海西岸卷入内陆100余km）；渤海湾的形成；东部火山活动趋于熄灭。这些现象在时间上的同步，不再是孤立的，而是有机而协调地体现在晚更新世以来的构造运动图像中。这次运动持续至今并将影响到未来相当长一段地质时期。因此，“晚更新世 Q_3（约10万年）以来”的规定具有我国特殊的构造意义。

6. 对能动构造评价，作者提出了一种概率性评价方法，可以作为确定性地质方法的补充，两种方法互为参照，互为完善，为科学评价提出了新的研究思路。

7. 通过具体核工程厂址的断层的评价实例，对比能动构造的判别标准，提出了个人的一点意见，可以对今后的工作起到借鉴作用。

8. 浙江三门核电站厂址无长度超过300m长的断层存在，但核岛地基的岩石物理力学性质特别是岩石动力学性质是设计考虑的重要动力基准参数。通过大量试验，推荐给出了凝灰岩、凝灰质砂岩、玄武岩、霏细斑岩和流纹斑岩的动抗拉强度、动单轴抗压强度、动弹模、动剪切模量、动抗剪强度参数，并已为设计单位采用。

第二节 讨 论

能动断层、能动构造源或能动构造的研究及判别标准的讨论，是仅限于核动力工程选址中的课题，但是所涉及的学科范围和深度是广泛的和富有深远意义的，兼有前沿性和实用性。作者的选题和结论如能得到更为广泛的认同，那么本课题继续深入地研究必将把课题本身的前沿性推向事实上的理论前沿。我们已经走上了艰难的探索道路，在这条道路上只有无声的汗水和坚实的脚印，才能铸就科学历史上的每一个符号。

参考文献

1. E. H. 桑戴克，田钟琦等译. 能源与环境. 北京：原子能出版社，1985
2. 杨子赓，林和茂. 中国东部第四纪进程与国际对比. 北京：地质出版社，1993
3. 易明初. 新构造运动及渭延裂谷构造. 北京：地震出版社，1993
4. 易明初，李晓. 燕山地区喜马拉雅运动及现今地壳稳定性研究. 北京：地震出版社，1991
5. 陈望和，倪明云. 河北第四纪地质. 北京：地质出版社，1987
6. 赵希涛，杨达源. 全球海面变化. 北京：科学出版社，1992
7. 马宗晋，叶洪，陈树岩. 地球活动构造解说. 北京：地震出版社，1993
8. 林观得，孙亨伦. 海平面. 北京：地质出版社，1987
9. 李兴唐. 活动断裂研究与工程评价. 北京：地质出版社，1991
10. 环文林，常向东，黄玮琼. 潜在震源区划分的构造成因法(华北地区)，地震危险性分析中的综合概率法. 北京：地震出版社，9～41，1990
11. 李起彤. 活断层及其工程评价. 北京：地震出版社，1991
12. 新疆维吾尔自治区地震局. 中国地震断层研究. 乌鲁木齐：新疆人民出版社，1988

13. 田陵君，李平忠，罗雁．长江三峡河谷发育史．成都：西南交通大学出版社，1996
14. 金权．安徽淮北平原第四纪．北京：地质出版社，1990
15. 李华章．北京地区第四纪古地理研究．北京：地质出版社，1995
16. 史培军．地理环境演变研究的理论与实践——鄂尔多斯地区晚第四纪以来地理环境演变研究．北京：科学出版社，1991
17. 国家地震局《鄂尔多斯周缘活动断裂系》课题组．鄂尔多斯周缘活动断裂系．北京：地震出版社，1988
18. 国家地震局《阿尔金活动断裂带》课题组．阿尔金活动断裂带．北京：地震出版社，1992
19. 新疆维吾尔自治区地震局．富蕴地震断裂带．北京：地震出版社，1985
20. 国家地震局地质研究所．郯庐断裂．北京：地震出版社，1987
21. 徐煜坚，罗焕炎，虢顺民，向宏发，宋惠珍．华北北部地区地质模型与强震迁移．北京：地震出版社，1985
22. 高冠民，窦秀英．湖北省自然条件与自然资源．武汉：华中师范大学出版社，1987
23. 国家地震局地质研究所，宁夏回族自治区地震局．海源活动断裂带．北京：地震出版社，1990
24. 国家地震局西南烈度队．川滇强震区地震地质调查汇编．北京：地震出版社，1979
25. 张顺江，田胜清，王玉民，宋必信．重大工程立项决策研究．北京：中国科学技术出版社，1990
26. 杰弗里·G．艾科尔兹，李国鼎等译．核动力的环境问题．北京：原子能出版社，1985
27. 朱照宇，丁仲礼．中国黄土高原第四纪古气候与新构造演化．北京：地质出版社，1994

28. 国家地震局《一九七六年唐山地震》编辑组. 一九七六年唐山地震. 北京：地震出版社，1982
29. 国家地震局地质研究所，云南省地震局. 滇西北地区活动断裂. 北京：地震出版社，1990
30. 强祖基，王洪涛. 活动构造研究. 北京：地震出版社，1992
31. 中国核工业总公司，国家地震局. 核工业中的地震科技研究. 北京：地震出版社，1992
32. 王作元，任天山，郭启忠. 核电站的安全保证和管理. 成都：四川科学技术出版社，1988
33. 国家核安全局. 中华人民共和国核安全法规汇编. 北京：中国法制出版社，1992
34. 周光. 地震. 北京：地质出版社，1956
35. 吴业新. 武汉风貌. 北京：地质出版社，1984
36. 张寿懋，刘兴诗，何贤杰，吴保禄，吕贵芳. 三峡风景. 北京：地质出版社，1986
37. 刘兴诗. 四川盆地的第四系. 成都：四川科学技术出版社，1983
38. 西南师范学院地理系，长航重庆分局《长江三峡》编写组. 长江三峡. 成都：四川人民出版社，1985
39. 林甲兴，张国星，孙全英. 神奇的长江三峡. 北京：科学出版社，1991
40. 四川省地质矿产局. 长江三峡地质地貌与崩塌滑坡考察指南. 成都：成都科技大学出版社，1992
41. 黄甫生，匡兴华，黄小龙. 核危机秘闻录. 上海：上海人民出版社，1995
42. 郭星渠. 核电站——公众关心的 30 个问题. 北京：原子能出版社，1992
43. 李锐. 水力发电建设. 北京：科学普及出版社，1957
44. 米契欧·卡库，詹尼弗·特雷纳，李晴美译. 人类的困惑——

关于核能的辩论. 北京: 中国友谊出版公司, 1987
45. H. M. 西涅夫, B. B. 巴图洛夫, 胡丕显等译. 核能经济学. 北京: 原子能出版社, 1988
46. 核科学技术情报研究所. 世界核工业概论 (上、中、下), 1990
47. 叶大钧. 能源概论. 北京: 清华大学出版社, 1990
48. 杜圣华. 核电站. 北京: 原子能出版社, 1992
49. 施仲齐, 方栋, 云桂春. 核电站的环境影响. 北京: 水利电力出版社, 1984
50. 王松年. 核工业概论. 北京: 原子能出版社, 1993
51.《当代中国》丛书编辑部. 当代中国的核工业. 北京: 中国社会科学出版社, 1987
52. 王瑞发. 核电与健康. 长春: 吉林人民出版社, 1990
53. 贝尔兰·阿莫兰, 严文魁等译. 新能源和关于核电站的争论. 北京: 原子能出版社, 1986
54. 林乔雄, 郝文义等译. 漫画解说原子能. 北京: 原子能出版社, 1985
55. 林乔雄, 宓培庆等译. 漫画解说原子能的秘密. 北京: 原子能出版社, 1990
56. 王志明, 李书绅. 低放废物浅地层处置安全评价指南. 北京: 原子能出版社, 1993
57. 张长华, 马天林, 宋友贵, 王连, 姜鸿才, 吴世智. 青藏高原的构造体系特征与高原的形成演化. 北京: 地质出版社, 1990
58. C. R. 艾伦等. 四川省地震局译. 活动构造学. 成都: 四川科学技术出版社, 1989
59. 东北地震监测研究中心译. 活动构造与工程选址译文集. 北京: 地质出版社, 1991
60. 韩同林. 西藏活动构造. 北京: 地质出版社, 1987

61. 黄汲清，陈炳蔚. 中国及邻区特提斯海的演化. 北京：地质出版社，1987
62. C. J. Allègre，A. Hirn. 崔作舟等译. 喜马拉雅山深部地质与构造地质. 北京：地质出版社，1987
63. 卫奇，谢飞. 泥河湾研究论文选编. 北京：文物出版社，1989
64. 中国科学院青藏高原综合科学考察队. 西藏地貌. 北京：科学出版社，1983
65. 薛祥照，张云翔，毕延，岳乐平，陈丹玲. 秦岭东段山间盆地的发育及自然环境变迁. 北京：地质出版社，1996
66. 高名修. 东亚北东向块断构造与现代地裂运动. 北京：地震出版社，1995
67. 李愿军. 核动力工程选址中的能动断层研究. 国家地震局地质研究所理学博士论文，1993
68. 陈中原，杨文达. 长江河口地区第四纪古地理古环境变迁. 地理学报. Vol. 46. No. 4. 436-447，1991
69. 李愿军. 辽南核电站厂址区断层的评价问题. 西北地震学报. Vol. 16. No. 3. 47-53，1994
70. 杨达源，陈宝冲，韩辉友. 长江三峡阶地的研究. 南京大学学报，总第 8 期，44～54，1987
71. 顾锡和，俞吼狮，王宗汉. 宜昌附近长江河谷地貌的研究. 南京大学学报，第 1 期，153～163，1983
72. 朱照宇. 黄河中游河流阶地的形成与水系演化. 地理学报. Vol. 44. No. 4. 429-440，1989
73. 杨怀仁，韩同春，杨达源，谢志仁. 长江下游晚更新世以来河道变迁的类型与机制. 南京大学学报，第 2 期，341～350，1983
74. 李保生，董光荣，高尚玉，邹亚军，申建友. 萨拉乌苏河地区晚更新世环境演化. 地理研究. Vol. 8. No. 2. 64-73，

1989
75. 胡孟春. 渭河盆地的地质构造与构造地貌类型. 地理研究. Vol. 8. No. 4. 56-64, 1989
76. 杨达源, 冯文科, 陈俊仁. 晚更新世晚期冰期鼎盛时期华南沿海地区的古环境. Vol. 8. No. 4. 72-77, 1989
77. 杨怀仁, 杨达源, 黄家柱. 中国活动构造与地貌运动的特征. 南京大学学报(地理学). 1~10, 1983
78. G. A. Robbins & R. W. Turnbull. 陈文寄译, 应用地质年龄测定法研究核电站场地的断层. 地震地质译丛. Vol. 1. No. 3. 56-57, 1979
79. 汪一鹏. 关于活断层研究. 工程地震研究. 北京: 地震出版社. 1~11, 1991
80. 杨美娥, 李玶, 窦毅强. 关于重大工程选址的地震地质问题. 中国地震年鉴. 北京: 地震出版社. 54~59, 1984
81. 张裕明, 方仲景. 活断层研究的进展. 中国地震年鉴. 北京: 地震出版社. 78~88, 1984
82. 钟以章. 辽宁核电站厂地址的地震地质研究概述. 国际地震动态. No. 5. 11-13, 1986
83. 李起彤. 核电站核废物处置场选址的地震地质研究. 国际地震动态. No. 6. 11-13, 1988
84. 丁国瑜. 有关活断层分段的一些问题. 中国地震. Vol. 8. No. 2. 1-10, 1992
85. 汪一鹏. 我国活断层研究的回顾与展望. 中国地质科学探索. 北京: 北京大学出版社. 363~371, 1989
86. 丁国瑜. 我国地震地质研究近况. 中国地震年鉴. 北京: 地震出版社. 44~48, 1986
87. 丁国瑜. 地震地质. 当代地质科学动向. 北京: 地质出版社. 220~222, 1987
88. 丁国瑜. 有关地震地质研究的一些动向. 北京: 中国地震.

Vol. 1. No. 3. 1-9，1985

89. 丁国瑜. 新构造与地震构造. 国际大地测量和地球物理学联合会中国委员会国家报告. 北京：气象出版社. 79～84，1992

90. 马宗晋等. 近年来我国地震地质工作的进展与展望. 中国地震. Vol. 4. No. 2. 113-117，1988

91. 彭自成，梁任又，金嗣炤，黄培华，全裕才. 电子自旋共振法年龄测定研究. 地理研究. Vol. 7. No. 4. 78-82，1988

92. 施雅风. 三峡区鹞子砾岩成因的探讨. 地理. Vol. 6. No. 1. 7-10，1948

93. 高名修. 青藏高原东南缘现今地球动力学研究. 地震地质. Vol. 18. No. 2. 129-142，1996

94. 冯希杰. 中国大陆第四纪地壳运动时程. 地质论评. Vol. 38. No. 3. 210-214，1992

95. 方鸿其. 长江中下游地区的第四纪沉积. 地质学报. Vol. 41. No. 3-4. 354-366，1961

96. 袁复礼. 长江河流发育史的补充研究. 人民长江. 2月号. 1～9，1957

97. 李承三. 长江发育史. 人民长江. No. 12. 3-6，1956

98. 汪一鹏. 青藏高原的隆起及其地震活动. 地震战线. No. 6. 2-5，1980

99. 鄢家全. 我国地震区划工作回顾与展望. 国际地震动态. No. 12. 8-11，1986

100. 王源. 洞庭湖. 人民长江. No. 8. 27-34，1956

101. 王宗汉. 江汉平原地区的新构造运动. 南京大学学报（地理版）. 37～45，1986

102. 康来迅. 昌马断裂带活动构造地貌之研究. 地理研究. Vol. 8. No. 2. 35-43，1989

103. 索洛，卓秀榕等译. 测试核反应堆地震中的安全性. 国际

地震动态. No. 12. 33-34, 1986
104. 楼风升. 核废物地质处置中的水文地质工程地质工作简介. 水文地质工程地质. No. 6. 28-29, 1989
105. R. J. Weldon. 刁守中译. 美国活动构造研究（1987～1990年）. 地震科技情报（增刊3）. 101～109, 1992
106. 李善邦. 中国地震区域划分图及其说明. 地球物理学报. Vol. 6. No. 2. 127-155, 1957
107. 中国地震烈度区划图编委会. 中国地震烈度区划图（1990年）及其说明. 中国地震. Vol. 8. No. 4. 1-11, 1992
108. 谢家荣, 赵亚曾. 湖北宜昌兴山秭归巴东等地质矿产. 地质汇报. 第7号. 5～67, 1925
109. 谢家荣, 刘季辰. 湖北西南部地质矿产. 地质汇报. 第9号. 75～123, 1927
110. 叶良辅, 谢家荣. 扬子江流域巫山以下之地质构造及地文史. 地质汇报. 第7号. 69～90, 1925
111. 赵希涛. 喜马拉雅山脉近期上升的探讨. 地质科学. No. 3. 243-252, 1975
112. 方鸿琪. 长江中下游地区的新构造运动. 地质学报. Vol. 39. No. 3. 328-343, 1959
113. 杨达源. 长江中下游干流东去入海的时代与原因的初步探讨. 南京大学学报. Vol. 21. No. 1. 155-165, 1985
114. 杨达源. 长江三峡的起源与演变. 南京大学学报. Vol. 24. No. 3. 466-474, 1988
115. 叶洪, 梁以山, 沈丽琪, 向宏发. 喜马拉雅弧形山系及其邻近地区现代构造应力分析. 地质科学. No. 1. 32-48, 1975
116. 陈富斌, 陈继良, 徐毅峰, 葛同明, 梁春艳, 樊利民. 玉龙雪山——苍山地区第四纪沉积与层状地貌的新构造分析. 地理学报. Vol. 47. No. 5. 430-440, 1992

117. 周昆叔，陈硕民，叶永英，梁秀龙．根据孢粉分析的资料探讨珠穆朗玛峰地区第四纪古地理的一些问题．地质科学．No. 2．133-151，1973
118. 李国鹏，李裕松．中国东部中新生代地质构造发展特征与地震．地质科学．No. 3．238-244，1973
119. 彭华．关于青藏高原隆起对中国气候影响的讨论．地理研究．Vol. 8．No. 3．85-94，1989
120. 郭旭东．中国西藏南部珠穆朗玛峰地区第四纪气候的变迁．地质科学．No. 1．59-80，1974
121. 何培元．中国第四纪古气候的重建．中国地质科学院学报．第 25 号．121～129，1992
122. 王恒周．天津第四系分层问题探讨．第四纪冰川与第四纪地质论文集（第三集）131～138，1987
123. 刘行松，李祖信，林传勇，史兰斌，唐汉军．工程区内断层活动性研究的新方法．水文地质工程地质．Vol. 19．No. 4．19-23，1992
124. 李兴唐．碳酸盐岩石断裂新活动及岩体新形变年龄研究．水文地质工程地质．No. 3．32-35，1990
125. 许学汉．活动断裂与地质灾害．水文地质工程地质．No. 4．26-28，1990
126. 谢毓寿．新的中国地震烈度表．地球物理学报．Vol. 6．No. 1．35-62，1957
127. 吴章明．对《西藏活动构造》一书中有关问题的讨论．Vol. 38．No. 2．194-196，1992
128. 李愿军．论能动构造源．全国博士后科技成果展示及人才学术交流会学术论文集．北京：学苑出版社．1～5，1996
129. 李愿军，丁美英．核电站厂址评价工作中的几个问题．中国青年学者岩土工程力学及其应用会论文集．北京：科学出版社．696～700，1994

130. 李愿军. 核安全导则中的地震震级划分意义. 工程地质学报. Vol. 2. No. 1, 1993
131. 李愿军. 能动断层的概念及其发展. 国际地震动态. No. 7, 1993
132. 徐煜坚, 李玶, 李志义, 姜义仓. 新构造学的研究现状. 科学通报. 12月号. 1088～1091, 1965
133. 李吉均, 文世宣, 张青松, 王富葆, 郑本兴, 李炳元. 青藏高原隆起的时代、幅度和形式的探讨. 中国科学. No. 6. 608-616, 1979
134. 周慕林, 王淑芳. 中国第四纪地层研究现状、存在问题及今后方向. 天津地质矿产研究所刊. 第28号. 109～117, 1993
135. 杨理华, 刘东生. 珠穆朗玛峰地区新构造运动. 地质科学. No. 3. 209-220, 1974
136. 周万源. 晚更新世以来渤海湾西岸海岸线的变化. 中国地质科学院562综合大队集刊. 第5号. 85～89, 1986
137. 孙建中. 中国第四纪火山的时空分布. 现代地壳运动研究(3)活动构造与减轻地质灾害. 北京: 地震出版社. 157～164, 1987
138. 王贵华, 刘光勋. 地震断层及其在构造地质学中的意义. 地壳构造与地壳应力文集(3). 北京: 地震出版社. 3～13, 1989
139. 马廷著, 刘国民. 中国大陆活动断裂的现代运动与地震危险性探讨. 地壳构造与地壳应力文集(3). 北京: 地震出版社. 14～29, 1989
140. 马廷著, 刘国民. 中国海域的活动断裂. 地壳构造与地壳应力文集(3). 北京: 地震出版社. 30～44, 1989
141. H. E. 古宾, 松田时彦等. 沈德富等译. 活断层研究. 北京: 地震出版社, 1983

142. 国家核安全局选编. 核电站安全分析报告的标准格式和内容. 美国核管理委员会管理导则1.70. 核工业部科技情报研究所，1984
143. 国家核安全局. 研究堆厂址选择. HAF. J0005，1992
144. 国家核安全局. 核燃料后处理厂安全分析报告的标准格式和内容. HAF. J0040，1992
145. 国家核安全局. 微震观测在核电厂厂址选择中的应用. HAF. J0003，1991
146. 国家核安全局. 核供热厂安全分析报告的标准格式和内容. HAF. J0019，1991
147. 苏联国家原子能利用委员会. 邢馥吏等译. 切尔诺贝利核电站事故及其后果. 国家核安全局，1986
148. 国家核安全局. 国际切尔诺贝利项目概论. NNSA－0027，1991
149. 国家核安全局. 核电安全的基本原则. 国际核安全咨询组. IAEA. 安全丛书 75－INSAG－3，1989
150. 国家核安全局. 国际原子能机构安全重要事件评价组服务活动的进展. NNSA－0041，1995
151. 国家核安全局. 质量保证分级手册. HAF. J0045，1994
152. 国家核安全局. 含有有限量放射性物质核设施的抗震设计. HAF. J0002，1991
153. 国家核安全局. 核电厂厂址选择中的剂量评价. HAF. J0001，1992
154. 国家核安全局. 非计划停堆和紧急停堆的安全问题. HAF. J0046，1994
155. 国家核安全局.《核电厂运行安全规定》应用于核供热厂运行的技术文件. HAF. J0021，1991
156. 国家核安全局. 核电厂安全分析报告的标准格式和内容. 第 18 章人因工程与控制室. HAF. J0042，1992

157. 国家核安全局. 关于核燃料后处理事业的规定. HAF. Y0007, 1993
158. 国家核安全局. 关于核燃料物质加工事业的规定. HAF. Y0008, 1993
159. 国家核安全局. 研究堆设计安全规定. HAF1000－1, 1995
160. 国家核安全局. 核电厂抗震设计及安全审查参考资料. HAZ3100. 核工业部第二研究设计院编译, 1991
161. 国家核安全局. 核电厂的地质和地基调查、试验及地基抗震稳定性评价方法（上、下). HAZ2900. 核工业部第二研究设计院编译, 1989
162. 国家核安全局. 全国核安全研讨会文集. NNSA－0010, 1990
163. 国家核安全局. 核电厂厂址选择安全规定. HAF0100, 1991
164. 国家核安全局. 国家地震局. 核电厂厂址选择中的地震问题. HAF0101（1), 1994
165. 国家核安全局. 国家地震局. 核电厂的地震分析和试验. HAF0102, 1987
166. 国家核安全局. 核电厂地基安全问题. HAF0108, 1990
167. 国家核安全局. 核电厂的厂址查勘. HAF0109, 1989
168. A. Der. Kiureghian, A. H－S. Ang. A fault－rupture model for seismic risk analysis. Bull. Seis. Soc. Am. Vol. 67. No. 4. 1173-1194, 1977
169. D. Mallard. Seismotectonic model－Zones of diffuse seismicity. Workshop on IAEA Safety Guide 50－SG－S1（Rev. 1). Beijing, 1993
170. Toshihiro Kakimi. Seismic assessment for NPP sites based on historic earthquakes and active faults. Seismic design of nucle-

ar power plants in Japan. Japan Electric Power Information Center, 1993

171. D. Mallard. Vibratory ground motion - Probabilistic approach. Workshop on IAEA Safety Guide 50 - SG - S1 (Rev. 1). Beijing, 1993
172. Makoto Watabe. Vibratory ground motion - Deterministic approach. Workshop on IAEA Safety Guide 50 - SG - S1 (Rev. 1). Beijing, 1993
173. US NRC Standard Review Plan. 2.5.2 Vibratory ground motion. NUREG-0800 (Formerly NUREG - 75/087). Washington D. C., 1990
174. IAEA. Application of microeathquake surveys in nuclear power plant siting. TECDOC-343. Vienna, 1985
175. American National Standard. Guidelines for establishing site - related parameters for site selection and design of an independent spent fuel storage installation (water pool type). ANSI/ANS - 2.19 -1981. Illinois. USA, 1981
176. American National Standard. Criteria and guidelines for assessing capability for surface faulting at nuclear power plant sites. ANSI/ANS - 2.7 -1982. Illinois. USA, 1982
177. US NRC. Reactor site criteria. 10 CFR part 100. 400-404, 1993
178. US NRC. Seismic and geologic siting criteria for nuclear power plants. 10 CFR part 100 App. A. 404-412, 1993
179. Ellis L. Krinitzsky. State of the art for assessing earthquake hagards in the United States. Report 2. Fault assessment in earthquake engineering. Miscellaneous paper S - 73 - 1. U. S. Army Engineer Waterways Experiment Station. CE. Vicksburg. Miss, 1974

180. David B. Slemmons. State－of－the－Art for assessing earthquake hazards in the United States. Report 6. Faults and earthquake magnitude. Miscellaneous paper S－73－1. U. S. Army Engineer Waterways Experiment Station. CE, Vicksburg, Miss, 1977

181. E. L. Krinitzsky. Geological and seismological factors for design earthquakes, patoka Damsite, Indiana, Miscellaneous paper S－72－41. U.S. Army Engineer Waterways Experi－ment Station. CE, Vicksburg, Miss, 1972

182. US NRC Standard Review Plan. 2.5.1 Basic geologic and seismic information. NUREG－0800 (Formerly NUREG－75/087). Washington D. C., 1990

183. US NRC Standard Review plan. 2.5.3 surface faulting. NUREG－0800 (Formerly NUREG－75/087). Washington D. C., 1990

184. L. Serva. An analysis of the world major regulatory guides for NPP seismic design. RT/DI SP/92/03, 1993

185. L. Serva. Capable faults. Workshop on IAEA Safety Guide 50－SG－S1 (Rev. 1). Beijing, 1993

186. US NRC. General site suitability criteria for nuclear power stations. Regulatory Guide 4.7. Washington D. C., 1975

187. H. W. Coulter, H. H. Waldron, and J. F. Devine. Seismic and geologic siting considerations for nuclear facilities, proceedings. Fifth world conference earthquake engineering. Rome. Paper 302, 1973

188. A. G. Frenklin. Proposed guidelines for site investigations for foundations of nuclear power plants. Miscellaneous paper GL－77－15. U.S. Army Engineer Waterways Experiment Station. CE, Vicksburg, Miss, 1979

189. IAEA. Earthquakes and associated topics in relation to nuclear power plant siting. Safety Guide 50 - SG - S1 (Rev. 1). Vienna, 1991

190. Geoffreg G. Eichholz. Environmental aspects of nuclear power. Ann Arbor science publishers Inc., 1976

191. US AEC. Nuclear power plants; Seismic and geologic siting Criteria. Federal Register. Vol. 36. No. 228, 1971

192. IAEA. Code on the safety of nuclear power plants: siting. 50 - C - S (Rev. 1). Vienna, 1988

193. Zhang Yuming, Xu Jiandong. The role of data on active fault in determining potential earthquake source area. Journal of seismological Research. Vol. 11. No. 3. 325-336, 1988

194. C. Y. Lee. The development of the upper Yangtze Valley. Bull. Geol. Soc. China. Vol. 13. No. 1. 107-117, 1933

195. J. S. Lee. Quaternary glaciation in the Yangtze Valley. Bull. Geol. Soc. China. Vol. 13. No. 1. 15-63, 1933

196. J. S. Lee. Geology of the Yangtze gorge. Bull. Geol. Soc. China. Vol. 3. No. 3-4. 351-391, 1924

197. J. R. Matzko. Geology of the Chinese nuclear test site near Lop Nor. Xinjiang Uygur Autonomous Region. China. Engineering Geology. 36. 173-181, 1994

198. Edited by Allen W. Hatheway & Cole R. McClure, Jr.. Geology in the siting of nuclear Power plants. The Geological society of America. Boulder. Colorado, 1979

199. Edited by Ellis L. Krinitzsky & D. Burton Slemmons. Neotectonics in earthquake evaluation. The Geological Society of America, Boulder. Colorado, 1990

200. Li Yuanjun & Li Ping. Research on capable fault with em-

phasis on the time yardstick. Abstracts of 30th International Geological Congress (Beijing). Vol. 3 of 3. 14 - 1 - 68 06537 5970. 166, 1996

201. Deng Qidong & Wang Yipeng. The research of active tecto nics in China. Achievements of seismic hazard prevention and reduction in China. Seismological Press. 1-25, 1996
202. Ding Guoyu. Recent Crustal motion and deformation in the Continent of China. Achievements of seismic hazard prevention and reduction in China. Seismological Press. 108-126, 1996
203. Shi Zhengliang & Zhang Yuming. Seismic intensity zoning map of China. Achievements of Seismic hazard prevention and reduction in China. Seismological Press. 143-164, 1996
204. Edited by Lon C. Ruedisili & Morris W. Firebaugh. Perspectives on energy. Oxford University Press. 263-382, 1982
205. Jerry B. Marion & Marvin L. Roush. Energy in perspective. Academic Press. 95-163, 1982
206. Mark S. Sanders & Ernest J. McCormick. Human factors in engineering and design. Mcgraw-Hill Book Company, 1987
207. Thomas L. Burrus & Harold Yaffa. Energy in the natural environment. Ginn Press, 1990
208. 通商产业省资源エネルキ一厅公益事业部，原子力发电安全查课，原子力发电安全管理课. 原子力发电所の耐震设计指针（内规）. 别资料-2，昭和五十九年
209. 肖树芳，杨淑碧. 岩体力学. 北京：地质出版社，1987
210. 国家地震局地质所. 高温高压岩石力学实验，1980
211. 中国科学院岩土力学所. 秦山核电厂基岩室内岩样力学特性试验报告，1984

212. 陈颙．地壳岩石的力学性能——理论基础与实验方法．北京：地震出版社，1988
213. 尹祥础．固体力学．北京：地震出版社，1985
214. M. S. 佩特森，张崇寿等译．实验岩石形变——脆性域．北京：地质出版社，1982
215. 陈子光．岩石力学性质与构造应力场．北京：地质出版社，1986
216. M. П. 伏拉罗维奇等著．蒋凤亮等译．高温高压下岩石和矿物物理性质的研究．北京：地震出版社，1982
217. 王仁等著．固体力学基础．北京：地质出版社，1979
218. 杜杨松，王德滋，陈克荣．浙东南沿海中生代火山—侵入杂岩．北京：地质出版社，1989
219. 浙江省第五地质大队宁波区域地质调查所．浙江三门核电厂厂址附近地区地质填图说明书（比例尺1:25000）．1994
220. 邵云惠，吴金章，叶定衡，王新政，李国祥，陈方岩．宁波地区区域稳定性研究．北京：地质出版社，1991
221. 江苏省地震局．健跳厂址区断层活动性评定研究报告．1984
222. 李愿军，王靖涛．浙江三门核电厂工程可行性研究厂址岩石工程特性指标室内测试报告．武汉水电大学、华中理工大学，1995
223. 龚思礼主编．建筑抗震设计手册．北京：中国建筑工业出版社，1994
224. 陈茅南．华北平原东部第四纪海冰与冰期、间冰期的探讨．第四纪冰川与第四纪地质论文集（第三集）．北京：地质出版社，71～81，1987
225. 王恒周．天津第四系分层问题探讨．第四纪冰川与第四纪地质论文集（第三集）．北京：地质出版社，131～138，1987

226. 中国地质科学研究院．中华人民共和国地质图集，1973
227. 中国科学院地质研究所构造地质研究室．中国大地构造纲要．北京：科学出版社，1958
228. 黄汲清教授指导，任纪舜等执笔．中国大地构造及其演化(1:400万中国大地构造图简要说明)．北京：科学出版社，1980
229. International Society for rock mechanics. Suggested methods for determining compression strength and deformability. Int. J. Rock Mech. Min Sci. 137-140，1979
230. International Society for rock mechanics. Suggested methods for determining the strength of rock in triaxied compression. Int. J. Rock mech. Min Sci. 49-51，1980；McGarr，A. and Gay，N. C. State of stress in the Earth crust. Ann. Rev. Earth Planet. Sci.，6. 405-436，1978
231. Brace W. F. and Kohlstedt D. L. Limits on lithospheric stress imposed by Laboratory experiments. J. Geophys. Res. 85，B11. 6248-6252，1980
232. 于亚伦．岩石动力学．北京：北京科技大学，1990
233. 周听清．爆炸动力学及其应用．合肥：中国科技大学出版社，2001
234. 戴 俊．岩石动力学特性爆破理论．北京：冶金工业出版社，2002
235. 彭建兵，毛彦龙，范文等．区域稳定动力学研究——黄河黑山峡大型水电工程例析．北京：科学出版社，2001
236. 国家地震局地质研究所．西藏中部活动断层．北京：地震出版社，1992
237. 邓起东，冯先岳，张培震等．天山活动断层．北京：地震出版社，2000
238. 徐锡伟，朱金芳，吴建春等．福州市活断层探测设计．北

京：地震出版社，2002

239. 刘行松. 重大工程区中断层最后一次活动的研究（国家自然科学基金资助课题），1991

240. 中国地震学会地震地质专业委员会. 中国活动断层研究. 北京：地震出版社，1994

241. 新疆维吾尔自治区地震局. 中国地震断层研究. 乌鲁木齐：新疆人民出版社，1988

242. 国家地震局兰州地震研究所. 昌马活动断裂带. 北京：地震出版社，1992

243. 国家地震局地质研究所，国家地震局兰州地震研究所. 祁连山—河西走廊活动断裂系. 北京：地震出版社，1993

244. 虢顺民，计凤桔，向宏发等. 红河活动断裂带. 北京：海洋出版社，2001

245. 宋方敏，汪一鹏，俞维贤等. 小江活动断裂带. 北京：地震出版社，1998

246. 刘若新. 中国的活火山. 北京：地震出版社，2000

247. 李祥根. 中国新构造运动概论. 北京：地震出版社，2003

248. 陈文寄，计凤桔，王非. 年轻地质体系的年代测定（续）——新方法、新进展. 北京：地震出版社，1999

249. IGCP 第 206 项中国工作组. 中国活断层图集. 北京：地震出版社，西安：西安地图出版社，1989

250. 中华人民共和国国家标准. 中国地震动参数区划图. GB18306－2001. 北京：中国标准出版社，2001

251. 孙鸿烈. 世界屋脊之谜——青藏高原形成演化环境变迁与生态系统的研究. 长沙：湖南科学技术出版社，1997

武汉大学学术丛书 书目

武汉大学学术丛书 书目

中日战争史
中苏外交关系研究（1931~1945）
汗简注释
国民军史
中国俸禄制度史
斯坦因所获吐鲁番文书研究
敦煌吐鲁番文书初探（二编）
十五十六世纪东西方历史初学集（续编）
清代军费研究
魏晋南北朝隋唐史三论
湖北考古发现与研究
德国资本主义发展史
法国文明史
李鸿章思想体系研究
唐长孺社会文化史论丛
殷墟文化研究
战时美国大战略与中国抗日战场（1941~1945年）
古代荆楚地理新探·续集
汉水中下游河道变迁与堤防

随机分析学基础
流形的拓扑学
环论
近代鞅论
鞅与banach空间几何学
现代偏微分方程引论
算子函数论
随机分形引论
随机过程论
平面弹性复变方法（第二版）
光纤孤子理论基础
Banach空间结构理论
电磁波传播原理
计算固体物理学
电磁理论中的并矢格林函数
穆斯堡尔效应与晶格动力学
植物进化生物学
广义遗传学的探索
水稻雄性不育生物学
植物逆境细胞及生理学
输卵管生殖生理与临床
Agent和多Agent系统的设计与应用
因特网信息资源深层开发与利用研究
并行计算机程序设计导论
并行分布计算中的调度算法理论与设计
水文非线性系统理论与方法
拱坝CADC的理论与实践
河流水沙灾害及其防治
地球重力场逼近理论与中国2000似大地水准面的确定
碾压混凝土材料、结构与性能
喷射技术理论及应用
Dirichlet级数与随机Dirichlet级数的值分布
地下水的体视化研究
病毒分子生态学
解析函数边值问题（第二版）
工业测量
日本血吸虫超微结构
—● 能动构造及其时间标度

文言小说高峰的回归
文坛是非辩
评康殷文字学
中国戏曲文化概论（修订版）
法国小说论
宋代女性文学
《古尊宿语要》代词助词研究
社会主义文艺学
文言小学审美发展史
海外汉学研究
《文心雕龙》义疏
选择·接受·转化
中国早期文化意识的嬗变（第一卷）
中国早期文化意识的嬗变（第二卷）
中国文学流派意识的发生和发展
汉语语义结构研究

中国印刷术的起源
现代情报学理论
信息经济学
中国古籍编撰史
大众媒介的政治社会化功能
现代信息管理机制研究